Cambios necesarios al Sistema de Salud en México

Dr. Hugo Mendieta Zerón

SEP-INDAUTOR
Registro: 03-2004-042012520100-01
ISBN: 978-607-00-4353-6

Acerca del autor

Hugo Mendieta Zerón

(Toluca, México, 1974). Médico general por la Universidad Autónoma del Estado de México (UAEMex), especialista en Medicina Interna (Centro Médico Nacional "20 de Noviembre" y Hospital General "Dr. Darío Fernández Fierro" del Instituto de Seguridad Social al Servicio de los Trabajadores del Estado (ISSSTE), Universidad Nacional Autónoma de México, (UNAM), Maestro en Ciencias Médicas (UNAM, maestría iniciada al mismo tiempo que los últimos años de medicina interna) y doctorado por la Universidad de Santiago de Compostela (USC), España, del Programa Interuniversitario en Endocrinología.
Ha obtenido los siguientes premios: 3er Lugar, I Olimpiada Nacional de Química. 1992; 1er Lugar, II Olimpiada Nacional de Biología. 1992; Reconocimiento y Medalla al Mérito de la Universidad Autónoma del Estado de México 1992; Reconocimiento del Presidente de la República en 1993; 2o Lugar, IV Congreso Nacional Estudiantil de Patología. 1995; 2o Lugar, I Concurso Universitario de Brigadas de Primeros Auxilios. 1996; Presea Estado de México a la Juventud Felipe Sánchez Solís 1996; 1er Lugar, I Congreso Científico Mexicano de Estudiantes de Medicina. 1997; 2o Lugar, XII Congreso Científico Internacional FELSOCEM. **Sucre, Bolivia**. 1997; Mención Honorífica. Titulación de la Carrera de Médico Cirujano. 1999; 3er Lugar. II Foro Interinstitucional de Investigación en Salud. (Cartel). 1999; *Young International Award*. 26o Congreso Mundial de Medicina Interna. **Kyoto, Japón**. 2002; 3er Lugar. Jornadas Médicas, 42 Aniversario, Centro Médico Nacional "20 de Noviembre". 2003; Mención Honorífica por el ISSSTE. Especialidad de Medicina Interna. 2004; Ganador de la Convocatoria del Instituto Científico Pfizer del Fondo para investigación. 2004; Medalla de la UNAM por haber terminado en tiempo y forma la Maestría en Ciencias Médicas. 2005; 1er lugar. 10° Congreso Nacional de Bacteriología, **Bogotá, Colombia**, 9 al 12 de octubre, 2009; Ganador. Apoyo a Proyectos de Investigación en Nutrición. Instituto de Nutrición y Salud Kellogg's. 2010.
En el área médica ha publicado los libros "Temas de vanguardia", editorial PRADO, ISBN: 968-6899-68-5; "Manual de Urgencias y Medicina Interna", editorial Formación Alcalá (España) ISBN: 968-6899-68-5, y ha sido Secretario Editor y coautor de dos temas en el libro "El Internista" 3ª ed, Nieto Editores, ISBN: 9789689360049, además ha publicado más de 30 artículos médicos, 10 de los cuales están en revistas indexadas en PubMed.

En el ámbito literario entre los premios y estímulos que ha obtenido destacan: 3er lugar del Certamen Estatal "Los Jóvenes Opinan" 1993; 2do lugar del Certamen Estatal de Expresión Escrita 1993; Mención Honorífica en el género de Cuento en el certamen "Los Símbolos Patrios" 1994; 3er lugar del IV Concurso Nacional "Carta a mis padres" 1996; 1er lugar del Concurso para la Elaboración de un Libro de Historia de la Ciencia para Estudiantes de Enseñanza Media y Media Superior 1997; 2o lugar en el certamen Para leer la Ciencia desde México/La ciencia para todos 1998; 2º lugar del Concurso Nacional de Ensayo Reflexión sobre el presente y futuro de los Derechos Humanos en México 1999.

Ha publicado un cuento en la colección "Estampas de la Ciencia", Fondo de Cultura Económica, ISBN: 9681660897; la novela "Una familia mexicana. Historia de 7 generaciones", editorial EDAMEX, ISBN: 970-661-186-X; ha sido compilador de "Tres personajes de noble espíritu", Instituto Mexiquense de Cultura, ISBN: 968-484-545-6 y de "Historias da inmigración en Galicia", Unidixital (España), ISBN: 978-84-934272-7-6, así como editor de "Semblanza de un Guerrero. Hernán Cortés, Conquistador. Corrió el velo de una leyenda e hizo de ella una realidad histórica." Esteban Mendieta Saavedra. ISBN: 978-607-00-2401-6.

Dedicatorias

A mi familia que siempre me ha apoyado de manera incondicional.

A todos los médicos que se sienten con la energía suficiente de transformar al país.

A todos los médicos que han sido asesinados en México.

Abreviaturas

AMA: Asociación Médica Americana
AMM: Alianza de Médicos Mexicanos
AMMRI, A.C.: Asociación Mexicana de Médicos Residentes e Internos, Asociación Civil
ASCILA: Asociación Científica Latinoamericana
ASF: Auditoría Superior de la Federación
Birmex: Laboratorios de Biológicos y Reactivos de México
CNDH: Comisión Nacional de Derechos Humanos
CODHEM: Comisión de Derechos Humanos del Estado de México
Cofepris: Comisión Federal para la Protección contra Riesgos Sanitarios
CONAMED: Comisión Nacional de Arbitraje Médico
CNPSS: Comisión Nacional de Protección Social en Salud
CURP: Clave del Registro Único de Población
DF: Distrito Federal
DGEI: Dirección General de Estadística e Informática
DOF: Diario Oficial de la Federación
DSP: Departamento de Salud Pública
EUA: Estados Unidos de América
FASC: Fondo de Aportaciones para los Servicios de Salud a la Comunidad
FPGC: Fondo de Protección contra Gastos Catastróficos
FTC: *Federal Trade Commission*
IFE: Instituto Federal Electoral
IMSS: Instituto Mexicano del Seguro Social
ISEM: Instituto de Salud del Estado de México
ISSSTE: Instituto de Seguridad Social al Servicio de los Trabajadores del Estado
LyFC: Luz y Fuerza del Centro
MIR: Médico Interno Residente
NOM: Norma Oficial Mexicana
OMC: Organización Mundial de Comercio
PEMEX: Petróleos Mexicanos
PGJDF: Procuraduría General de Justicia del Distrito Federal
PRD: Partido de la Revolución Democrática
PROGRESA: Programa de Educación, Salud y Alimentación
RFC: Registro Federal de Causante
SIDA: Síndrome de Inmunodeficiencia Adquirida
SISPA: Sistema de Información en Salud para Población Abierta

SPSS: Seguro Popular
SSA: Secretaría de Salud
TRIPS: *Trade Related Aspects of Intellectual Property Systems*
UAEMex: Universidad Autónoma del Estado de México
UNAM: Universidad Nacional Autónoma de México

ÍNDICE

PRÓLOGO	III
Dr. Gustavo Baz Prada e Instauración del Servicio Social	1
Condiciones actuales	7
Propuestas para la licenciatura en medicina y residencia médica	19
Derechos Humanos Universales y del Médico	23
Área científica	57
Charlatanismo y medicina tradicional	65
Legislación	75
Aseguradoras	107
Ideas básicas para modernizar la medicina en México	111
Comparativo con España	133
Anexos	143

I

Prólogo

Son escasos los trabajos que tratan sobre los derechos del médico, prácticamente toda la información que se vierte es en beneficio del paciente, desconociendo casi en su totalidad la problemática que afrontan los médicos para cumplir con su misión de atender a las personas.

La difusión de los llamados Derechos de los Pacientes ha sido mal interpretada como derecho a ofender y a tratar de humillar a los médicos, ha dado pie a que en un marco contextual lleno de ignorancia los usuarios de los servicios de salud piensen que el médico tiene la obligación de curarlos a toda costa como si fuera un mago, no se tiene la más mínima idea de las condiciones tan precarias en las que trabajan miles de galenos, no entienden que el médico, como cualquier otro trabajador, necesita de los recursos necesarios para un buen desempeño, y si no existen estos, aunque el médico sepa lo que se tendría que hacer para llegar a un diagnóstico o para llevar un buen tratamiento sencillamente no se alcanzarán los resultados óptimos.

En años previos, en las comunidades se veía al médico con respeto y se reconocía su labor, principalmente en las zonas pobres donde poca gente se atrevía a ofrecer un bien a cambio de poco, quizás sólo respeto.

Con los cambios que ha sufrido la sociedad, las influencias de otros países han llevado a que el médico actúe a la defensiva por temor a demandas pues, desafortunadamente, la mentalidad de los pacientes en varios sectores es obtener un beneficio económico a toda costa aunque no tengan la razón en sus reclamos.

No está en un médico, de manera individual, el poder solucionar los problemas de sobresaturación de los servicios de salud, tampoco el de la falta de recursos económicos, científicos y tecnológicos; esto es compromiso de toda la sociedad y de decisiones políticas que vean a la salud y a la educación como las principales prioridades para mejorar nuestras condiciones de vida y que nuestro país progrese.

No se negará que existen abusos por parte de médicos poco éticos, pero el objetivo de esta obra es hablar de algo que se conoce poco, en un lenguaje claro y dirigido a todo el público, ofreciendo un análisis y sugerencias para mejorar la problemática existente. Invito a los jóvenes médicos a que documenten su situación particular y se dé a conocer en foros internacionales, tal como ya hay ejemplos al respecto (http://serviciosocialmedicina.blogspot.com/). En algún momento podrá mejorarse el sistema de salud en México, lo cual incluya eliminar el servicio social tal y como lo conocemos actualmente, suplantando a los pasantes por médicos generales con contratos dignos para que el Estado Mexicano asuma con seriedad su compromiso de ofrecer salud a todos sus habitantes.

PhD. Hugo Mendieta Zerón

Cambios necesarios al Sistema de Salud en México

Dr. Gustavo Baz Prada e Instauración del Servicio Social

Gustavo Baz Prada nació en el poblado de Tlalnepantla, Estado de México, el 31 de enero de 1894.[1] Creció con la revolución y, con los manifiestos del destino, estuvo en el tiempo y lugar precisos para conocer gente que contribuiría a que alcanzara peldaños claves en la política y en la salud, llegando a ser director de la Escuela Nacional de Medicina.

Una de las acciones que estableció el Dr. Baz en su desempeño como director de la Escuela Nacional de Medicina, fue la creación en 1935 del servicio social obligatorio para los pasantes de medicina, en coordinación con el gobierno del general Lázaro Cárdenas.

El servicio social fue creado por Baz como resultado de un análisis y reflexión de su vida personal, al comparar lo paradójico que resultaba el hecho de que al salir de la carrera no se era ni estudiante ni médico, por lo que lograr empleo resultaba sumamente difícil; ello en contraposición a que en el interior del país no existían los suficientes médicos que se dedicaran a atender la salud de los habitantes y mucho menos en las poblaciones rurales, donde vivían los hombres más pobres y necesitados de asistencia médica.[2]

El 2 de diciembre de 1935, Gustavo Baz presentó al rector de la Universidad Nacional Autónoma de México (UNAM) Luis Chico Goerme, el proyecto de servicio social. La propuesta fue presentada al Presidente

---

[1] Alanís Boyzo Rodolfo. Gustavo Baz Prada. Vida y Obra. México. UAEM. 1994.
[2] Oglivera de Bonfil Alicia, Meyer Eugenia. Gustavo Baz y sus juicios como revolucionario, médico y político. México, Instituto Nacional de Antropología e Historia, 1971, pp. 48-49.

Cambios necesarios al Sistema de Salud en México

Cárdenas, quien la autorizó, dando instrucciones para que el Departamento de Salud Pública (DSP) –hoy Secretaría de Salud (SSA)– aportara el presupuesto necesario.

Se concibió que el servicio social debería de ser prestado al finalizar la carrera de médico cirujano y como requisito previo para presentar el examen profesional. El servicio tenía por objeto contribuir al mejoramiento de la salubridad de los grupos más necesitados de la población y brindar a los pasantes de medicina la oportunidad de poner en práctica sus conocimientos con antelación a su titulación. En un principio se estableció el servicio social por un tiempo de cinco meses, pero después se aumentó a seis y se convino que quedara bajo la supervisión del entonces DSP.[3]

Al ser instituido el servicio social, es la generación número 30 de la Escuela Nacional de Medicina a la que toca en suerte prestar su servicio en 1936. Gustavo Baz mencionó que: "Esta generación parte a toda la patria a ejercer la medicina, fundamentalmente preventiva; sale a vacunar, a enseñar a nuestros compatriotas a vivir con higiene, a beber el agua hervida, a lavar las verduras, a mejorar el medio ambiente en forma general, y también a campañas para combatir males endémicos y epidémicos de las poblaciones".

De esta manera se inició uno de los primeros cambios que Baz dio a la medicina mexicana. Dentro del aspecto social, la idea era también arraigar a estos jóvenes médicos en la provincia, para que beneficiaran a las

---

[3] Gandara Servin Luis. Gustavo Baz en la Vida Médica de México (reconocimientos y testimonios), México, Universidad Autónoma de México, 1981, p. 36.

Cambios necesarios al Sistema de Salud en México

poblaciones y a ellos mismos, ganando la satisfacción de servir a la gente que tanto necesita de atención médica.[4]

Con el establecimiento del servicio social se revolucionaba el concepto de la atención médica, dedicada por primera ocasión a los grandes y pequeños núcleos de población que vivían en el campo, pero que eran tradicionalmente marginados.

Una mayor oferta de los servicios de salubridad y asistencia lo constituyó la intensificación de la aplicación del servicio social de los pasantes de medicina, quienes fueron distribuidos en multitud de pequeños poblados de la República que siempre habían carecido del más elemental servicio médico social. El servicio social se desarrolló de acuerdo con las Facultades y Escuelas de las Universidades de México, Michoacán, Puebla y San Luis Potosí. Los pasantes prestaban su servicio social por un tiempo no menor de seis meses y tenían la responsabilidad de impartir servicios de asistencia médica a la población, así como de recopilar información sobre diversos problemas sanitarios e iniciar, con la cooperación de los lugareños, medidas tendientes a remediar las condiciones de higiene local, los padecimientos regionales y locales, las enfermedades de la infancia y los padecimientos transmisibles; además, se les encargaba sustentar lecciones y conferencias sobre higiene y practicar campañas de vacunación, especialmente la antivariolosa.[5]

---

[4] Ibidem, p. 15.
[5] Gustavo Baz Prada, Memoria 1943-1944, basada en el informe de labores presentado al H. Ejecutivo de la Unión por el Dr. Gustavo Baz Prada, Secretario del Ramo, México, Secretaría de Salubridad y Asistencia, 1944, p. 64.

Cambios necesarios al Sistema de Salud en México

En una entrevista que concedió Baz, rememoró la forma en que se le vino la idea de instituir el servicio social y los primeros problemas a los que se enfrentó al aplicarlo: "Me acordé de cómo al terminar la carrera me quitaron el puesto de practicante y no me daban aún puesto de médico, porque no era ni estudiante ni médico. No tenía ni un centavo y pasé muchas dificultades hasta lograr recibirme. Me recibí y al día siguiente me fui a sentar en una de las bancas del patio de la Facultad de Medicina y me pregunté: ¿Y ahora qué va a pasar, tengo aquí un papel que dice soy médico, pero no tengo qué comer? Recordando aquello y al mismo tiempo recordando mi vida revolucionaria en que había visto a los poblados de la República desprovistos de asistencia médica, se me ocurrió que podía establecerse el servicio de los pasantes de medicina, como una cosa obligatoria. Mandarlos durante un año a los lugares en donde nunca hubiera habido médico, con la esperanza de que eso ocasionara tres fenómenos interesantes: la desaparición del noviciado del estudiante, que al terminar su sexto año ya tendría un pequeño sueldo y podría vivir. Además, haría clientela y por otra parte la repartición de los médicos en la República se haría casi automáticamente. Es un fenómeno curioso que el muchacho que viene a estudiar a la Universidad, aunque venga de la más pequeña provincia, le toma miedo. Pero, con el servicio social la redescubre. Muchos de ellos se casaron con la riquita del pueblo y allá se quedaron. Otros, descubrieron que podían vivir fácilmente con la clientela que hacían en los poblados cercanos o en alguno más favorable. Venían; se casaban aquí y volvían otra vez allá. En esas condiciones el éxito fue extraordinario. Al principio les pusimos un sueldo de noventa pesos mensuales, ellos

Cambios necesarios al Sistema de Salud en México

indignados querían más, pero los llevé entonces a la Secretaría de Comunicaciones y les hice observar cómo médicos recibidos desde hacía más de cinco años, peleaban por un puesto de $150.00 mensuales. Entonces se resignaron y aceptaron el puesto. Claro, esos noventa pesos de aquella época, equivalían casi a dos mil pesos de ahora". De esta manera surgió el servicio social, indudablemente tuvo un fin benéfico pero desafortunadamente no se ha adecuado a la realidad cambiante y evolutiva, además de exigente.

Los cambios en la sociedad han sido muchos desde entonces, en la década de los cuarenta se creó la SSA, el Instituto Mexicano del Seguro Social (IMSS), los institutos de salud y gran número de clínicas y hospitales;[6] el tiempo de preparación para un especialista en medicina se ha extendido en años, y es entonces cuando de manera reflexiva se necesita mirar atrás para tener presente las carencias que se vienen arrastrando para subsanarlas.

Considero que ideado con propósitos benéficos, ya está anacrónico para la realidad, exigencias y necesidades del país, de los médicos y de las comunidades. Pienso que como país en vías de desarrollo debemos mirar a quienes están mejor que nosotros, es decir, el primer mundo, y el sistema que tenemos no lo manejan, yo creo que ha sido un abuso por mucho tiempo pues las cláusulas mismas de llevar a médicos sin título a comunidades con turnos de 24 h seis días a la semana constituye "contratos" que en nada respetan derechos humanos, las becas

---

[6] Treviño GMN, Valle GA. La función político-social de la medicina. Historia reciente. Gac Méd Méx 1994;130(3):111-113.

Cambios necesarios al Sistema de Salud en México

insignificantes obligan a los médicos a cobrar servicios porque no cubren las necesidades de transporte, comida y menos si tienen una familia a su cargo; por otra parte, sabemos que más de un médico ha estado trabajando en condiciones de falta de seguridad y de riesgo para los mismos pacientes, además considero que hay una gran paradoja al exigir a los médicos que ejercen medicina privada e institucional que presenten sus títulos, y sin embargo, una buena parte de responsabilidad del mismo sistema recae en médicos sin título, es decir los pasantes, esta paradoja es incluso una burla para la misma comunidad que merece más bien atención por personal calificado, certificado (estos aspectos los comento brevemente en capítulos posteriores).

Ante esto yo opino que debe modificarse radicalmente el sistema de servicio social actual, aspirar a un sistema médico como el europeo y que debe fortalecerse sustituyendo a los pasantes por médicos generales titulados, honestos y calificados que desafortunadamente son menospreciados por el sistema actual y que dirige amplios recursos y reconocimientos a la medicina intervencionista, lo cual no es malo pero el mayor empuje debería ser en la prevención, pues será imposible en pocos años contener la epidemia de obesidad, diabetes, neoplasias, alcoholismo, drogadicción, etc.

Insisto, es necesario establecer una mesa de diálogo de alto nivel, con gente académica, gente que domine el área de derechos humanos y el marco jurídico de la práctica médica en países desarrollados, y que se modifique el servicio social lo más pronto posible, para sustituirlo de manera absoluta por médicos generales ya titulados.

Cambios necesarios al Sistema de Salud en México

Condiciones actuales

Para el ejercicio de una profesión de manera óptima se requieren diversas condiciones. En el caso de la medicina, estas condiciones abarcan desde la preparación en pregrado de los médicos, hasta los recursos materiales disponibles para el ejercicio de esta profesión, en un medio que brinde satisfacción y oportunidades de desarrollo.

Como justificación para escribir acerca del servicio social en medicina tenemos que de acuerdo al Sistema de Información en Salud para Población Abierta (SISPA), Registro Nacional de Infraestructura, Dirección General de Estadística e Informática (DGEI); SSA, el censo de 1996[7] arrojó que, en cantidad, el personal médico con el que se contaba en su mayor número era de médicos generales y familiares, seguido de los médicos pasantes, en tercer lugar otros especialistas, en cuarto los médicos residentes y en quinto los internos.

Para entender un poco más del internado y servicio social de medicina en México, explico brevemente el período formativo del recurso humano, es decir, del galeno. El tiempo de estudio en licenciatura dura de 4 a 5 años dependiendo de la Facultad y obviamente del programa que se lleve a cabo. Posterior a ésta etapa de licenciatura, se realiza un año de internado, que consiste en desempeñar actividades de tiempo completo en un hospital durante un año, con dos períodos de descanso anuales de 10 días hábiles cada uno. El tiempo de trabajo durante el internado es, por

---

[7] Dirección General de Estadística e Informática, Secretaría de Salud, México. Servicios otorgados en unidades de la Secretaría de Salud, 1999. Salud Publica Mex 2000;42(4):359-367.

Cambios necesarios al Sistema de Salud en México

ejemplificarlo, de la siguiente manera: hora de entrada todos los días en promedio a las 7 u 8 de la mañana, y hora de salida entre las 2 y las 6 de la tarde todos los días también; cuando se tiene guardia, generalmente cada tercer día, la hora de entrada es la misma pero se sale hasta el otro día entre las 2 y las 6 de la tarde, es decir por lo menos 30 h continuas de trabajo; y a la semana, por lo menos 76 h.

Luego de terminar el internado de pregrado, se continúa con el servicio social, instaurado de buena fe por el Dr. Gustavo Baz Prada, pero en una época totalmente distinta a la actual. Hace pocos años no existía la especialización tan acentuada en el área de la medicina. Tampoco existía el servicio social. La resultante de las modificaciones hechas ha sido el alargar el tiempo de adiestramiento del médico, olvidando los conceptos académicos y científicos.

En una época donde se habla de los derechos de las personas, de los pacientes, etc.; parece olvidarse que el médico también es ser humano y necesita vivir con dignidad, y esto explica que si ha de ofrecer un servicio por parte de una institución, ésta debe contribuir a su crecimiento individual.

Durante el año de servicio social, se brinda el servicio médico en una comunidad rural. Teóricamente existen tres tipos de plaza: A, B, C, dependiendo de la lejanía con el centro urbano y el tiempo que se debe estar laborando, y generalmente se dice que es un servicio obligatorio las 24 h del día, 6 días a la semana (Anexo 1). Los inconvenientes surgen a la vista de inmediato, es un sistema impositivo, que desafortunadamente ve al médico como simple mano de obra. Cada semana se debe reportar el

Cambios necesarios al Sistema de Salud en México

número de atenciones y es preciso mencionar que el médico se encuentra prácticamente solo, sin condiciones de seguridad ni apoyo para cuestiones básicas como el estudio.

Es una obligación de las instituciones y de la sociedad que están exigiendo un servicio de calidad, brindar más apoyo al médico para que encuentre estímulo y satisfacción en la actividad que desempeña.

El descuido y olvido institucional se da de muchas maneras, por ejemplo: solamente se asigna al médico pasante en su plaza y de ahí en adelante lo que viene son exigencias para cumplir con las metas numéricas. Cosas tan sencillas como el que muchos pasantes tengan que llevar comida para toda la semana al no haber posibilidad de comer en las poblaciones rurales. Incluso se debe considerar que el pasante va legalmente desprotegido al no contar con su título profesional, con lo que se encuentra una paradoja de la SSA, ésta trata de certificar a los médicos, tanto particulares como institucionales para que puedan ejercer, y sin embargo sostiene una situación legal contraria al obligar a pasantes a ejercer sin el título. En la práctica está haciendo uso de mano obra barata encubriendo sus contradicciones jurídicas y sin adoptar medidas vigorosas para ofrecer una atención médica al 100% de la población con galenos ya titulados y suprimiendo el abuso histórico de la pasantía médica.

En los centros de salud no existen libros de texto ni mucho menos revistas, y ni soñar con una computadora con internet donde poder consultar temas actuales de la medicina. Desafortunadamente, en muchas comunidades tan abandonadas y con tantos rezagos, no se cuenta con

Cambios necesarios al Sistema de Salud en México

bibliotecas para estudiar y tratar de apoyarse para mejorar el nivel de conocimientos.

La falta de medios de comunicación es evidente al no contar en muchos lugares con teléfono, y varias otras poblaciones donde este servicio sí lo hay, no se ha instalado en los centros de salud, con lo que se dificulta el accionar del personal de salud, simplemente, por ejemplo, para solicitar una ambulancia cuando se requiere realizar un traslado de emergencia a segundo o tercer nivel. Como ejemplo está lo descrito en una revista mexicana: "Luego de un huracán que arrasó con el antiguo poblado de Punta Chueca, con jacales típicos de ramas y barro, el gobierno financió créditos para la reconstrucción del lugar. Se diseñaron casas en serie para todos los pobladores; idénticas y colocadas a espacios regulares. En medio del pueblo hay un Centro de Salud, pero generalmente está cerrado. Los pasantes de medicina no quieren venir a trabajar porque está muy aislado y no tienen recursos para trasladarse hasta aquí. El único transporte regular es una pipa de agua potable que el Instituto Nacional Indigenista envía todos los días desde Bahía Kino".[8]

Durante décadas se ha interpretado la calidad médica como la productividad numérica, el resultado ha sido un deterioro claro por la búsqueda de esa supuesta eficiencia.

En el aspecto académico el descuido es grave. Al terminar el año, todos los pasantes que aspiren a entrar a una especialidad médica, deben presentar un examen de selección. El número de aspirantes se ha ido

---

[8] México desconocido 1997; No. 239.

Cambios necesarios al Sistema de Salud en México

incrementando a más de 25 mil,[9,10] y en las ramas de mayor demanda los candidatos son en promedio tres mil, para 500 plazas o menos de cada una de ellas.

Es necesario reducir las actividades administrativas que desempeña el médico para reposicionar el tiempo dedicado a la atención directa del paciente. Ahora, en esta época donde se ha puesto en marcha la campaña nacional hacia la calidad de la atención médica, se le debe proporcionar al médico los instrumentos necesarios para ofrecer una real calidad en su atención.

De entrada, el cambio de mentalidad institucional, donde se reduzca la carga de trabajo que ha venido desempeñando el médico, excesiva en lo físico y limitante para su intelecto. El cambio de mentalidad debe acompañarse con la proporción de más recursos.

Es necesario ofrecer alternativas para mejorar las condiciones en las que los pasantes de medicina ejercen sus actividades, una con baja inversión y gran beneficio sería la instauración del servicio de internet, ya sea en los mismos centros de salud o con acuerdos gubernamentales para que las oficinas de correos cuenten con este medio que fuera gratis para los médicos, la primera opción sería mejor pues muchas comunidades ni siquiera cuentan con servicio postal. Se trata de fortalecer el sistema de salud, considerando a los médicos de las comunidades rurales como el pilar fundamental de su desarrollo.

---

[9] Félix OA, Ahumada AM. Desempeño de los egresados de la ULSA en el ENARM (2001-2003). Análisis de los factores académicos que determinan el resultado. Acta Médica Lasallista 2004;1(1):15-23.
[10] www.cifrhs.org.mx

Cambios necesarios al Sistema de Salud en México

La misión de las instituciones de salud es luchar por la salvaguarda del bienestar de la comunidad, ofreciendo las herramientas necesarias para que los médicos se desempeñen con éxito, tanto en beneficio de la población como de sí mismos.

En el siglo XX hubo un movimiento de médicos, específicamente en 1964, ocasionado por los descontentos que ya se vivían. Ese movimiento se enfrentó al gobierno, se lanzaron cargos a diversos funcionarios, se produjeron tres paros de residentes y se invitó a un paro médico general en exigencia de mejores ingresos y seguridad laboral. El gobierno respondió con la intervención de las fuerzas armadas, ejerciendo represalias contra muchos médicos: el encarcelamiento de algunos, el despido indiscriminado de otros y la cooptación de los que no se identificaron con el movimiento o no estaban realmente comprometidos con él.[11]

Y después, al entrar a la especialidad las condiciones no mejoran mucho en el aspecto académico, se sigue pasando cada día con el deseo de terminar la chamba. Una muestra de esto es lo dado a conocer en el periódico *La Jornada*, el 14 de marzo del 2003: "Médicos residentes del Hospital de la Mujer denunciaron que su formación académica como gineco-obstetras es deficiente. Los cursos y talleres no se realizan, les niegan becas para entrenamiento en otros hospitales del país y tampoco existe organización para el trabajo práctico, al grado de que los residentes del tercer año que ya deberían realizar cirugías dejaron de practicarlas hace casi un año...

---

[11] De la Fuente JR. A treinta años del movimiento médico, 1964-1994. Gac Méd Méx 1994;130(3):160-161.

Cambios necesarios al Sistema de Salud en México

El pliego petitorio de los residentes incluye, entre otros puntos, el establecimiento de programas académicos para los cuatro grados de la especialidad, un programa de rotaciones en los servicios y para los estudiantes del tercer año la asignación de espacios en la consulta externa.

Se supone que como parte de su formación los residentes deben estar en este servicio bajo la tutoría de un médico de base. En el mismo grado, los residentes deben empezar a realizar cirugías, siempre bajo la vigilancia y supervisión de un médico de base (preceptor). Ninguna de estas actividades se lleva a cabo por la desorganización administrativa.

También solicitaron –y al parecer ya obtuvieron– la renuncia del jefe de enseñanza...a quien responsabilizaron del cúmulo de anomalías. Pidieron se regularice la dotación de uniformes, computadoras para la biblioteca y actualización de la base de datos bibliográfica....".[12]

Algo que está claro es que el grado de dominio del personal en formación depende en mucho del grado de preparación de quien coordina sesiones y quien dirige su programa educativo. De esta manera se comprende que si los coordinadores o responsables de la enseñanza de residentes se han quedado rezagados en el tiempo y no entienden las nuevas tendencias de la humanidad en general hacia la mejor preparación científica. Cuando se adquiere una plaza ya como trabajador en una institución de salud los cambios son mínimos en relación a la enseñanza y a la educación médica continua. Al respecto ya se han escrito muchos

---

[12] Angeles Cruz. Residentes del Hospital de la Mujer demandan capacitación eficiente. La Jornada, viernes 14 de marzo del 2003, p. 49.

Cambios necesarios al Sistema de Salud en México

trabajos, algunos descriptivos, otros experimentales y que han contribuido a dar a conocer la problemática y a plantear soluciones.[13]

El médico de unidades del primer nivel de atención realiza actividades educativas de manera esporádica y generalmente desvinculadas de su práctica diaria, con estrategias educativas que han encontrado diversos obstáculos dadas las condiciones laborales de los médicos y las escasas facilidades con las que cuentan. Es necesario por o tanto, un cambio en las condiciones laborales a fin de propiciar la educación e investigación de calidad.

La Comisión de Derechos Humanos del Estado de México (CODHEM) recibió una queja en 1996 por un caso en el que una mujer fue diagnosticada con embarazo de alto riego en un Centro de Salud y referida por dos médicas pasantes a un hospital, en un primer viaje nació el producto que al ser atendido por la pasante ya estaba muerto y después enviaron a la madre al Hospital de la Mujer en Toluca donde falleció en terapia intensiva con diagnóstico de falla orgánica múltiple. Además del lamentable final, la CODHEM estableció que existió una evidente desatención por no contar con un médico de guardia en el Centro de Salud y por recomendar dicha responsabilidad a dos pasantes de medicina, prestadoras de servicio social.[14]

Cuando el IMSS inició sus actividades el primero de enero de 1944, carecía de equipo para brindar las prestaciones de salud por las cuales

---

[13] Sabido SMC, Viniegra VL, Espinoza AP, Nava CM. Evaluación de una estrategia educativa para desarrollar la lectura crítica en médicos del primer nivel de atención. Rev Med Inst Mex Seguro Soc 1997;35(1):49-53.
[14] Recomendación 20/97 formulada en el expediente CODHEM/2694/96-2.

Cambios necesarios al Sistema de Salud en México

fue concebido y tuvo que recurrir a la subrogación económica de los médicos establecidos. Las clínicas y consultorios privados contratados por el IMSS daban atención a una población de 103,046 personas. Sin embargo, la contratación de los servicios médicos por este medio fue un rotundo fracaso, principalmente porque los obreros eran discriminados en relación con la clientela particular y porque constituía una constante salida de dinero, sin recapitalización. Antes de terminar el primer semestre de 1945, el Seguro Social suspendió el servicio de subrogación e improvisó puestos en fábricas, los cuales también fracasaron.[15] Esta historia se parece un poco la que tenemos en la actualidad, el IMSS tiene subrogadas a las guarderías, el Instituto de Seguridad Social al Servicio de los Trabajadores del Estado (ISSSTE) no tiene equipo tecnológico ni de laboratorio suficientes y subroga estudios de inmunohistoquímica que son imprescindibles para mayor certeza diagnóstica, unidades de la SSA con mucha demanda no tienen tomógrafo y tienen que subrogar tomografías, etc. Pero, ¿si la mayoría de las unidades médicas de repente tuvieran todos los recursos habría mejores resultados? Quizás no, porque nos hemos caracterizado a lo largo de la historia y ante los ojos de otros países y organizaciones como un país corrupto. No faltaría quien viendo en su hospital tinciones para inmunohistoquímica las sustrajera para venderlas al mejor postor, no faltaría quien viendo a la mano ampolletas de testosterona las saquearía para ofrecerlas en el mercado negro de los gimnasios, nunca falta el hecho de que no se puedan tomar estudios radiográficos y

---

[15] García-Cruz M. "La seguridad social", en: México: 50 años de Revolución. México, FCE, 1960, pp. 526-527.

Cambios necesarios al Sistema de Salud en México

tomográficos de emergencia porque "el equipo se descompuso" y milagrosamente con el cambio de turno se vuelve a componer, etc. Con esto quiero decir que a veces no importa qué tan perfecto sea un esquema de trabajo o una institución, si las personas que están a cargo de una parte del engranaje no son honestas, el resultado siempre será el mismo: Un fracaso. Y el ejemplo claro lo tenemos con el Seguro Popular (SPSS).

El SPSS surgido del ex secretario de salud, Dr. Julio Frenk, consiste en el pago de una cuota anual para recibir un catálogo de servicios médicos básicos y de aquellos costosos financiados del Fondo de Protección contra Gastos Catastróficos (FPGC). No obstante que el autor de este texto considera adecuados los conceptos de portabilidad del acceso a un solo sistema de salud, también considera totalmente negativo el hecho de que dicho sistema no encauza la construcción de hospitales dignos y modernos así como la contratación de personal, sino que produce la sobresaturación de unidades médicas ya existentes, es decir, es un planteamiento de médico de escritorio que no entiende la realidad cotidiana en un servicio de urgencias o de hospitalización de un hospital de gobierno en los que escasean los elementos de trabajo.

De acuerdo con la Auditoría Superior de la Federación (ASF), ya en el año 2005 se estimaba que no se cumpliría el compromiso de alcanzar el 100% de cobertura en el año 2010, que se había establecido como meta, ya que las 12,649,905 familias que constituían la población objetivo del SPSS para 2006, se incorporarían después del 2010 y para entonces, considerando el crecimiento de la población, se calculaba que las familias beneficiarias ascenderían a 14,039,620, lo que significaba que 2,053,393 no

Cambios necesarios al Sistema de Salud en México

tendrían acceso a las prestaciones y servicios del sistema. Además, en la revisión de los estudios actuariales proporcionados por la Comisión Nacional de Protección Social en Salud (CNPSS), se observó que para el periodo 2005-2010 los ingresos derivados del esquema de financiamiento de la Ley General de Salud no serían suficientes para cubrir el costo de la atención, ya que en 2005 se calculaba un déficit de 11,560 millones de pesos que aumentaría a 83,912 millones de pesos en el 2010.

Asimismo, se observaron irregularidades en la determinación de la cuota social que el Gobierno Federal debía aportar a los regímenes estatales para financiar el SPSS; así como en la recaudación de las cuotas familiares. Además, la SSA y la CNPSS no proporcionaron la documentación justificativa para verificar que 2,102,614.7 miles de pesos se utilizaron para financiar la operación del SPSS; y se constató que la secretaría no constituyó el Fondo de Aportaciones para los Servicios de Salud a la Comunidad (FASC), en infracción de lo dispuesto en el artículo 77 bis 20 de la Ley General de Salud.[16]

---

[16] Auditoría Superior de la Federación. Informe del Resultado de la Revisión y Fiscalización Superior de la Cuenta Pública 2005.

Cambios necesarios al Sistema de Salud en México

Propuestas para la licenciatura en medicina y residencia médica

Con la tendencia irreversible del mundo globalizado, es inobjetable la obligación de actuar con miras al futuro. En el área de la formación médica, una prioridad de los directivos de facultades y escuelas de medicina en América Latina debería ser conseguir que los títulos fueran válidos en todos nuestros países. ¿Cómo conseguirlo? Primero homologar lo más posible los planes de estudio para alcanzar en una segunda etapa la convalidación de títulos y sentar las bases para una movilidad profesional en toda América Latina.

Como proyección internacional está claro que debemos levantar la mira y colaborar con grandes instituciones científicas internacionales, para aspirar a formar nuestros propios centros pues es inadmisible que en las primeras 200 universidades del mundo sólo estén dos de Brasil y una de México.[17] ¿Cómo revertir esta situación? Una propuesta sencilla sería que los títulos emitidos por las diversas instituciones de enseñanza de medicina se entreguen en dos idiomas, por ejemplo, que el alumno pudiera elegir su título en español-inglés, español-francés, o incluso español-náhuatl. De esta manera quizás hubiera interés de estudiantes de cualquier parte del mundo en acudir a facultades de medicina latinoamericanas donde al obtener el título estarían con estudios automáticamente convalidados en América Latina, con acuerdos académicos con instituciones de investigación

---

[17] Times Higher Education. 2007.

Cambios necesarios al Sistema de Salud en México

internacionales y obteniendo además su título en dos idiomas que faciliten la movilidad internacional.

Después de pasar el examen para cursar una residencia médica se presentan en el sistema mexicano actual varias injusticias, entre ellas dos inmediatas, la primera es que para ingresar a algunos hospitales se piden cartas de recomendación, siendo esto un acto de inequidad y elitismo, la segunda es que a los residentes extranjeros no se les pague como a los mexicanos, contraviniendo leyes internacionales de igualdad pues por ejemplo si un extranjero accede a hacer una residencia en los Estados Unidos de América (EUA) percibe la misma paga que los nacionales de aquel país, y lo mismo sucede en España y cualquier otro país civilizado. Al respecto he escrito correos electrónicos a senadores, diputados, etc., obteniendo hasta el momento sólo dos respuestas, una de la Secretaría de Hacienda en la que me comunicaron que turnarían mi inquietud al área correspondiente y otra del Senador y Ex Gobernador del Estado de México, Lic. César Camacho Quiroz quien escribió que trasmitiría mi comentario al grupo de diputados de su fracción partidista.

Para potenciar la especialización médica en México es necesario verificar que los hospitales donde se ofrezcan plazas de residencia cuenten con el equipo tecnológico adecuado e impulsar estancias internacionales en áreas que se necesitan respaldar. Además, es impostergable la necesidad de construir varias unidades de medicina molecular para cubrir de manera estratégica a la población; lo ideal sería que se pudieran hacer técnicas avanzadas que en otros países son cotidianas, como por ejemplo reacción en cadena de polimerasa, reacción en cadena de polimerasa en tiempo real,

Cambios necesarios al Sistema de Salud en México

secuenciación, estudios de polimorfismos, estudios de *microarrays*, cultivos, estudios de células madre, etc. El argumento de que no hay dinero es falso, pues, por lo menos en México, todo lo que se tira en las instituciones electorales de cada estado, así como en el Instituto Federal Electoral (IFE) y que solamente sirve para mantener una burocracia que se autoasigna grandes salarios,[18] bonos, jubilaciones, etc., mejor debería invertirse en proyectos médicos.

Otro aspecto que debería estudiarse es homologar los cursos de especialidad con otros países latinoamericanos para alcanzar un bloque potente reconocido por su formación médica-científica-humanista. Sería loable que por ejemplo, un hospital boliviano contara con la presencia de los mejores cirujanos cubanos o brasileños, y que esa institución contara con un título con validación en al menos dos países.

Pongámonos las pilas porque lo que han conseguido en otros bloques mundiales también lo podemos conseguir. Mientras en Europa se autorice que un médico español pueda trabajar sin problemas en Portugal pero entre latinoamericanos no exijamos a nuestros dirigentes que se preocupen por la calidad en la formación de recursos humanos y la consolidación de un bloque regional fuerte, nos seguirán viendo y tratando como tercermundistas. Los estudiantes deberían empezar por mandar cartas a sus directores y gobernantes para considerar algunas de las propuestas acá planteadas.

---

[18] Mes a mes, legisladores locales achican erario y abultan bolsillos. La Jornada. 6 de marzo 2008.

Cambios necesarios al Sistema de Salud en México

En cuanto a la cantidad de personal capacitado disponible en el sector salud, México tiene 1.85 médicos por cada mil habitantes, cifra inferior al promedio internacional deseable, que es de tres médicos. Cabe señalar que además de este indicador debe también atender la distribución geográfica de médicos.

Cambios necesarios al Sistema de Salud en México

Derechos Humanos Universales y del Médico

Transcribo la Declaración Universal de Derechos Humanos:

1. Todos los seres humanos nacen libres e iguales en dignidad y derechos y, dotados como están de razón y conciencia, deben comportarse fraternalmente los unos con los otros.

2.1. Toda persona tiene todos los derechos y libertades proclamados en esta Declaración, sin distinción alguna de raza, color, sexo, idioma, religión, opinión política o de cualquier otra índole, origen nacional o social, posición económica, nacimiento o cualquier otra condición;

2.2. Además, no se hará distinción alguna fundada en la condición política, jurídica o internacional del país o territorio de cuya jurisdicción dependa una persona, tanto si trata de un país independiente como de un territorio bajo administración fiduciaria, no autónomo o sometido a cualquier otra limitación de soberanía.

3. Todo individuo tiene derecho a la vida, a la libertad y a la seguridad de su persona.

4. Nadie estará sometido a esclavitud ni a servidumbre; la esclavitud y la trata de esclavos están prohibidas, en todas sus formas.

5. Nadie será sometido a torturas ni a penas o tratos crueles, inhumanos o degradantes.

6. Todo ser humano tiene derecho, en todas partes, al reconocimiento de su personalidad jurídica.

7. Todos son iguales ante la ley y tienen, sin distinción, derecho a igual protección de la ley. Todos tienen derecho a igual protección contra

toda discriminación que infrinja esta Declaración y contra toda provocación a tal discriminación.

8. Toda persona tiene derecho a un recurso efectivo ante los tribunales nacionales competentes, que la ampare contra actos que violen sus derechos fundamentales reconocidos por la constitución o por la ley.

9. Nadie podrá ser arbitrariamente detenido, preso ni desterrado.

10. Toda persona tiene derecho, en condiciones de plena igualdad, a ser oída públicamente y con justicia por un tribunal independiente e imparcial, para la determinación de sus derechos y obligaciones o para el examen de cualquier acusación contra ella en materia penal.

11.1. Toda persona acusada de delito tiene derecho a que se presuma su inocencia mientras no se pruebe su culpabilidad, conforme a la ley y en juicio público en el que se le hayan asegurado todas las garantías necesarias para su defensa;

11.2. Nadie será condenado por actos u omisiones que en el momento de cometerse no fueron delictivos según el derecho nacional o internacional. Tampoco se impondrá pena más grave que la aplicable en el momento de la comisión del delito.

12. Nadie será objeto de injerencias arbitrarias en su vida privada, su familia, su domicilio o su correspondencia, ni de ataques a su honra o a su reputación. Toda persona tiene derecho a la protección de la ley contra tales injerencias o ataques.

13.1. Toda persona tiene derecho a circular libremente y a elegir su residencia en el territorio de un Estado;

Cambios necesarios al Sistema de Salud en México

13.2. Toda persona tiene derecho a salir de cualquier país, incluso del propio, y a regresar a su país.

14.1. En caso de persecución, toda persona tiene derecho a buscar asilo, y a disfrutar de él, en cualquier país;

14.2. Este derecho no podrá ser invocado contra una acción judicial realmente originada por delitos comunes o por actos opuestos a los propósitos y principios de las Naciones Unidas.

15.1. Toda persona tiene derecho a una nacionalidad;

15.2. A nadie se privará arbitrariamente de su nacionalidad ni del derecho a cambiar de nacionalidad.

16.1. Los hombres y las mujeres, a partir de la edad núbil, tienen derecho, sin restricción alguna por motivos de raza, nacionalidad o religión, a casarse y fundar una familia; y disfrutarán de iguales derechos en cuanto al matrimonio, durante el matrimonio y en caso de disolución del matrimonio;

16.2. Sólo mediante libre y pleno consentimiento de los futuros esposos podrá contraerse el matrimonio;

16.3. La familia es el elemento natural y fundamental de la sociedad y tiene derecho a la protección de la sociedad y del Estado.

17.1. Toda persona tiene derecho a la propiedad, individual y colectivamente;

17.2. Nadie será privado arbitrariamente de su propiedad.

18. Toda persona tiene derecho a la libertad de pensamiento, de conciencia y de religión; este derecho incluye la libertad de cambiar de religión o de creencia, así como la libertad de manifestar su religión o su

Cambios necesarios al Sistema de Salud en México

creencia, individual y colectivamente, tanto en público como en privado, por la enseñanza, la práctica, el culto y la observancia.

19. Todo individuo tiene derecho a la libertad de opinión y de expresión; este derecho incluye el de no ser molestado a causa de sus opiniones, el de investigar y recibir informaciones y opiniones, y el de difundirlas, sin limitación de fronteras, por cualquier medio de expresión.

20.1. Toda persona tiene derecho a la libertad de reunión y de asociación pacíficas;

20.2. Nadie podrá ser obligado a pertenecer a una asociación.

21.1. Toda persona tiene derecho a participar en el gobierno de su país, directamente o por medio de representantes libremente escogidos;

21.2. Toda persona tiene el derecho de acceso, en condiciones de igualdad, a las funciones públicas de su país;

21.3. La voluntad del pueblo es la base de la autoridad del poder público; esta voluntad se expresará mediante elecciones auténticas que habrán de celebrarse periódicamente, por sufragio universal e igual y por voto secreto u otro procedimiento equivalente que garantice la libertad de voto.

22. Toda persona, como miembro de la sociedad, tiene derecho a la seguridad social y a obtener, mediante el esfuerzo nacional y la cooperación internacional, habida cuenta de la organización y los recursos de cada Estado, la satisfacción de los derechos económicos, sociales y culturales, indispensables a su dignidad y al libre desarrollo de su personalidad.

Cambios necesarios al Sistema de Salud en México

23.1. Toda persona tiene derecho al trabajo, a la libre elección de su trabajo, a condiciones equitativas y satisfactorias de trabajo y a la protección contra el desempleo;

23.2. Toda persona tiene derecho, sin discriminación alguna, a igual salario por trabajo igual;

23.3. Toda persona que trabaja tiene derecho a una remuneración equitativa y satisfactoria, que le asegure, así como a su familia, una existencia conforme a la dignidad humana y que será completada, en caso necesario, por cualesquier otros medios de protección social;

23.4. Toda persona tiene derecho a fundar sindicatos y a sindicarse para la defensa de sus intereses.

24. Toda persona tiene derecho al descanso, al disfrute del tiempo libre, a una limitación razonable de la duración del trabajo y a vacaciones periódicas pagadas.

25.1. Toda persona tiene derecho a un nivel de vida adecuado que le asegure, así como a su familia, la salud y el bienestar, y en especial la alimentación, el vestido, la vivienda, la asistencia médica y los servicios sociales necesarios; tiene asimismo derecho a los seguros en caso de desempleo, enfermedad, invalidez, viudez, vejez y otros casos de pérdida de sus medios de subsistencia por circunstancias independientes de su voluntad;

25.2. La maternidad y la infancia tienen derecho a cuidados y asistencia especiales. Todos los niños, nacidos de matrimonio y fuera de matrimonio tienen derecho a igual protección social.

Cambios necesarios al Sistema de Salud en México

26.1. Toda persona tiene derecho a la educación. La educación debe ser gratuita, al menos en lo concerniente a la instrucción elemental y fundamental. La instrucción elemental será obligatoria. La instrucción técnica y profesional habrá de ser generalizada; el acceso a los estudios superiores será igual para todos, en función de los méritos respectivos;

26.2. La educación tendrá por objeto el pleno desarrollo de la personalidad humana y el fortalecimiento del respeto de los Derechos Humanos y a las libertades fundamentales, favorecerá la comprensión, la tolerancia y la amistad entre todas las naciones y todos los grupos étnicos o religiosos; y promoverá el desarrollo de las actividades de las Naciones Unidas para el mantenimiento de la paz;

26.3. Los padres tendrán derecho preferente a escoger el tipo de educación que habrá de darse a sus hijos.

27.1. Toda persona tiene derecho a tomar parte libremente en la vida cultural de la comunidad, a gozar de las artes y a participar en el programa científico y en los beneficios que de él resulten;

27.2. Toda persona tiene derecho a la protección de los intereses morales y materiales que le correspondan por razón de las producciones científicas, literarias o artísticas de que sea autora.

28. Toda persona tiene derecho a que se establezca un orden social e internacional en el que los derechos y libertades proclamados en esta Declaración se hagan plenamente efectivos.

29.1. Toda persona tiene deberes respecto a la comunidad, puesto que sólo en ella puede desarrollar libre y plenamente su personalidad;

Cambios necesarios al Sistema de Salud en México

29.2. En el ejercicio de sus derechos y en el disfrute de sus libertades, toda persona estará solamente sujeta las limitaciones establecidas por la ley con el único fin de asegurar el reconocimiento y el respeto de los derechos y libertades de los demás, y de satisfacer las justas exigencias de la moral, del orden público y del bienestar general en una sociedad democrática;

29.3. Estos derechos y libertades no podrán en ningún caso ser ejercidos en oposición a los propósitos y principios de la Naciones Unidas.

30. Nada en la presente Declaración podrá interpretarse en el sentido de que confiere derecho alguno al Estado, a un grupo o a una persona, para emprender y desarrollar actividades o realizar actos tendentes a la supresión de cualquiera de los derechos de los derechos y libertades proclamados en esta Declaración.

En las sociedades democráticas existe un grupo de personas con mayor responsabilidad de respetar los derechos humanos, ese grupo es el de las autoridades gubernamentales. Los Derechos Humanos delimitan para todas las personas una esfera de autonomía dentro de la cual pueden actuar libremente, protegidas contra los abusos de autoridades, servidores públicos y de particulares. Establecen límites a las actuaciones de todos los servidores públicos, sin importar su nivel jerárquico o institución gubernamental, sea Federal, Estatal o Municipal, siempre con el fin de prevenir los abusos de poder, negligencia o simple desconocimiento de la función. El médico, como todo ser humano, tiene todos estos derechos.

Cambios necesarios al Sistema de Salud en México

Tomando algunos puntos de esta Declaración Universal podemos comentar y analizar lo siguiente:

El primer derecho universal menciona todos los seres humanos deben comportarse fraternalmente los unos con los otros. Este punto es de crucial importancia para modificar la situación actual dentro del medio hospitalario. Para exigir cambios de fuera, primero es necesario que cambien las actitudes de los médicos hacia los mismos médicos, por ejemplo, todos conocen que existen hospitales donde el ambiente es degradante, los médicos residentes de mayor jerarquía no solamente tratan de imponer su jerarquía sino tratos inadecuados para un profesionista.

Hace falta verlo para creerlo pero se presentan gritos de un médico a otro por causas que son intrascendentes o, al menos, solucionables, pero lo peor es que tales actitudes se hacen frente a otros pacientes y familiares, lo que perjudica en la imagen que se da y en la confianza hacia el médico que se ve agredido por un superior.

De todos es sabido, aunque nadie comente ni se atreva a confirmarlo, que hay nosocomios donde se le puede ocurrir a un médico de mayor nivel exigirle a un médico residente de menor jerarquía que vaya en la madrugada por comida, o que a las mujeres se les diga que pueden tener protección pero a cambio de peticiones no éticas.

Las medidas de presión existen porque no hay respeto entre los mismos médicos, y el hecho de ver amenaza la residencia médica puede ser un motivo para cumplir caprichos que no deberían presentarse.

Cambios necesarios al Sistema de Salud en México

Es necesario por lo tanto, que haya nuevas generaciones de médicos donde prevalezca el respeto mutuo, para obtener posteriormente el respeto que se ha perdido ante la sociedad.

El derecho número tres trata acerca de la seguridad de la persona. Esto sería aplicable de manera muy especial a los pasantes de medicina, quienes son obligados a permanecer en su Centro de Salud brindando un servicio las 24 h, pero sin ofrecer garantías de seguridad. Ha habido casos en que entran a robar al centro de salud o que agreden al médico pasante, teniendo éste que salir del problema por su propia cuenta porque no cuenta con seguridad en su lugar de trabajo. Un caso desafortunado que muestra lo anterior fue el asesinato de una pasante en Jalisco en el año 2008,[19] ejemplificando al México bronco que se niega a desaparecer y que germina en una sociedad analfabeta y pobre. Lo mencionado debería servir para evitar que se pretenda exigir un servicio continuo en un lugar donde las autoridades no se comprometen a ofrecerle al joven médico tranquilidad en cuanto a seguridad para ejercer.

El artículo quinto establece que nadie será sometido a tratos crueles, inhumanos o degradantes. Al respecto se puede decir que durante el internado de pregrado o durante la residencia médica, una costumbre de presionar o sancionar es dejar de guardia de castigo, esto es, que puede haber situaciones injustas en las que un médico de mayor jerarquía sin tener la razón pretenda hacer que un médico permanezca trabajando de manera continua un día más, o dos días más o el tiempo que se le ocurra. Un

---

[19] http://www.informador.com.mx/jalisco/2008/65841/6/asesinan-a-golpes-a-una-doctora.htm

Cambios necesarios al Sistema de Salud en México

argumento viejo es que se dice es: "si a mí me lo hicieron por qué yo no he de castigar".

El artículo 19, que habla acerca de la libertad de opinión y de expresión, es uno de los más violados ya que no se tolera la opinión de médicos que laboran en instituciones de salud y que detectan problemas. Al no aceptar opiniones individuales los trabajadores se ven en la necesidad de hacer medidas de presión que han llegado a derivar en manifestaciones.

Es una realidad que un médico que tiene que llevar el sustento a su familia pensará dos veces antes que emitir un oficio para dar a conocer un abuso o una irregularidad en su trabajo. Debido a esto, la oportunidad que se tiene de ser escuchados sin arriesgarse de manera individual es cuando se llegan elecciones de sus representantes ante las autoridades del hospital. Si estos representantes no actúan con miedo y sí con convicción de causa y del lado de la razón, se pueden alcanzar metas interesantes; desdichadamente el sistema envicia todo y estos representantes pueden ser corrompidos al ofrecérseles dinero, trabajo, beneficios debajo del agua, etc.

El artículo 20.1., que dice que toda persona tiene derecho a la libertad de reunión y de asociación pacíficas, tiene el bemol de ser mal escudado para integrar cotos de poder, lo que lo desvirtúa de su noble intención.

20.2. Nadie podrá ser obligado a pertenecer a una asociación. Este es un artículo que se olvida en tiempo de elección de representantes para médicos residentes, para el sindicato, etc., ya que se pretende integrar en listas antes de los comicios a quienes votarán por tal o cual planilla; contraviniendo a lo estipulado en una democracia donde los votos son secretos. Las medidas de presión son varias y por no tener problemas se termina poniendo una rúbrica en una lista de quienes apoyan a un grupo. Indudablemente mientras no exista un verdadero deseo de servir y la aspiración sea meramente económica y personal se seguirán dando estos casos.

El artículo 21.2., dice que: "toda persona tiene el derecho de acceso, en condiciones de igualdad, a las funciones públicas de su país". Es decir que el médico tiene derecho como cualquier otro ciudadano de aspirar a posiciones de servicio público. Quizás el obstáculo para avanzar en estas aspiraciones que deberían ser honestas son otros médicos al mencionar que el médico solamente debe dedicarse a la medicina, y si alguien pretende ser representante u ocupar un puesto, se le tacha de politiquillo o grillero (dicho de manera despectiva). La explicación de que exista bloqueo es muy sencilla, los superiores tienen miedo de perder poder, influencia o beneficios que siendo honestos no tendrían. El médico tiene derecho a ocupar puestos públicos y DEBE hacerlo, porque es la única manera de hacer una lucha más pareja contra injusticias de toda índole; el hecho de no participar en la política lleva al extremo de lo que son los grilleros, constituirse en una masa sin pensamiento, en seres autómatas dedicados al trabajo, en mentes cobardes e idiotizadas que permiten que los individuos sean atropellados en sus derechos sin protesta alguna. Esto es lo que desean los dirigentes. El problema, como sabemos, reside en que las aspiraciones no sean honestas ni con intención de servir.

El artículo 21.3 dice que: "La voluntad del pueblo es la base de la autoridad del poder público; esta voluntad se expresará mediante elecciones

Cambios necesarios al Sistema de Salud en México

auténticas..." Los residentes de las diferentes especialidades médicas tienen derecho a luchar por mejorar sus condiciones de trabajo. La realidad es decepcionante al vivir elecciones amañadas, poco honestas y que semejan una mafia. No es nada de otro planeta ver que para elecciones de jefes de residentes de un hospital se emitan convocatorias que sólo sabía una planilla de la fecha exacta de su publicación, no es extraño que se pidan requisitos que sólo la planilla alineada podría cumplir a tiempo, no es nada de otro país que se pida como requisito para participar en una elección de residentes la autorización del Jefe del servicio, siendo esto contradictorio, ya que no se trata de defender los derechos de los Jefes, ¿cómo se le va a pedir la autorización a un Jefe de Servicio siendo que todos los residentes sabemos que precisamente el problema para un buen trabajo y respeto reside desafortunadamente en que los jefes de servicios (no todos afortunadamente), en muchas ocasiones solamente impiden el progreso al menospreciar las capacidades de los médicos residentes, al bloquear sus aspiraciones de crecimiento académico y científico, etc.?; para una elección de jefe de residentes no se debe pedir permiso para los jefes de los servicios ya que al hacerlo se muestra una actitud débil y servicial y por quedar bien, muchos que pretenden ser candidatos ya llegan condicionados.

El artículo 22 dice que toda persona tiene derecho a "la satisfacción de los derechos económicos, sociales y culturales, indispensables a su dignidad y al libre desarrollo de su personalidad". Esto es importante mencionarlo ya que como en algunos partidos políticos también en la medicina hay dinosaurios con un cerebro limitado que piensan que los médicos no tienen incapacidad de ser poetas, de ser escritores, de ser

Cambios necesarios al Sistema de Salud en México

músicos, de ser pintores, de ser políticos, DE SER. En ninguna parte está escrito que al dedicarse a una actividad profesional u oficio el cerebro humano tiene que atrofiarse para olvidar y restringir otras de sus capacidades, por el contrario, en un país como México que eternamente ha sido país en vías de desarrollo (y parece que nuestros hijos, nietos, bisnietos, tataranietos, etc., seguirán escuchando el rollo de que somos un país en vías de desarrollo), todos los mexicanos nos vemos obligados y comprometidos a desempeñar distintas actividades productivas

El artículo 23.1 que establece que toda persona tiene derecho "a la protección contra el desempleo" queda sólo en buenos deseos.

Al mencionar el artículo 23.2 que toda persona tiene derecho, "a igual salario por trabajo igual", sólo mencionaré que es injusto que un médico que prácticamente se desvive por enfermos gane poco, y en cambio los diputados den muestra de avaricia al aumentarse sus salarios y regresar a la sociedad esos salarios con auténticos shows de prepotencia cuando son detenidos por faltas a la ley, y con ausentismo a su trabajo. También es importante decir, que la desigualdad en salarios no es exclusiva de México, está en otros países de América Latina como Perú,[20] y así podría alargar a lista de naciones que están catalogadas como tercermundistas, insisto, debemos modificar radicalmente nuestro sistema de salud y aspirar a ver los esquemas de primer mundo, específicamente de la Unión Europea.

Continuando con los Derechos Universales el 24 dice que "Toda persona tiene derecho al descanso, al disfrute del tiempo libre, a una limitación razonable de la duración del trabajo". Este artículo debe de

---

[20] http://200.23.37.84/hechos/archivos2/2005/3/109398.shtml

Cambios necesarios al Sistema de Salud en México

tomar más fuerza, sobra decir que no existe tiempo libre cuando el horario de trabajo en los días de guardia es de 36 h, y en los lugares infrahumanos donde se dejan guardias de castigo pueden ser períodos de 48 h continuas o más de trabajo corrido. Debe hacerse un análisis serio y profundo de los horarios de trabajo, es tonto pensar que así es porque así ha sido siempre siendo que hay países con mejores condiciones para los médicos en todos los sentidos, desde la paga hasta el respeto y trato que se les da. La condición ideal quizás no exista pero sí existen mejores condiciones. Se requiere que haya decisión e inteligencia para ofrecer una mejor calidad de vida a los médicos residentes y claro que también a todos los médicos en general.

El artículo 25.1 dice que "Toda persona tiene derecho a un nivel de vida adecuado que le asegure, así como a su familia, la salud y el bienestar, y en especial la alimentación, el vestido, la vivienda, la asistencia médica y los servicios sociales necesarios." Sabemos que con la beca que reciben los internos de pregrado es imposible mantenerse a sí mismo, mucho menos mantener una familia, sin embargo no hay tiempo de tener otro empleo porque todo el día se está en el hospital. Con el sueldo que ganan los médicos residentes no se puede ofrecer a los hijos alimentación, educación, vestido y dispersión; siendo necesario y obligatorio para sacarlos adelante, el buscar un trabajo que complemente lo que se gana con la residencia.

El artículo 26.1 dice que: "Toda persona tiene derecho a la educación. La educación debe ser gratuita, al menos en lo concerniente a la instrucción elemental y fundamental. La instrucción elemental será obligatoria. La instrucción técnica y profesional habrá de ser generalizada;

Cambios necesarios al Sistema de Salud en México

el acceso a los estudios superiores será igual para todos, en función de los méritos respectivos". En este sentido es importante mencionar que existe una corriente que pretende modificar el esquema actual bajo el cual se desarrollan las especialidades médicas, de tal manera que en vez de que los interesados y que hayan pasado el examen nacional reciban una beca, ahora tengan que pagar por cursar la especialidad de su interés como lo hacen actualmente los médicos extranjeros que estudian en México. El argumento, como todo lo que depende de programas gubernamentales, es que no hay presupuesto. Aunque esta modificación no es una realidad aún, los cambios políticos se suceden de un día para otro, sin previo aviso, y es mejor estar enterados de opiniones como ésta y tener argumentos y acciones listas para revertir una medida que perjudicaría las justas aspiraciones de miles de médicos mexicanos.

El artículo 27.1 dice que: "Toda persona tiene derecho a tomar parte libremente en la vida cultural de la comunidad, a gozar de las artes y a participar en el programa científico y en los beneficios que de él resulten". Acá recalco la importancia que tiene el hecho de las múltiples capacidades de nuestro cerebro y que, desafortunadamente, debido al enajenamiento que se sufre en el camino de la medicina se van atrofiando. Tristemente, muchos médicos que ocupan puestos de mando significan un obstáculo para el desarrollo de las capacidades de jóvenes médicos, ya que no se les brinda apoyo para inquietudes académicas, culturales y científicas. Estamos en una sociedad, y en un gremio donde el hecho de pretender hacer más cosas en la vida es criticable y crea envidias, que originan bloqueos para que no se consiga más.

Cambios necesarios al Sistema de Salud en México

El artículo 28 dice que: "Toda persona tiene derecho a que se establezca un orden social e internacional en el que los derechos y libertades proclamados en esta Declaración se hagan plenamente efectivos". Indudablemente esto incluye a nuestro país y sus instituciones, llámese IMSS, ISSSTE, Petróleos Mexicanos (PEMEX), etc.

Los derechos humanos del médico

Pueden clasificarse, en aquellos que se derivan de su individualidad como persona y los que se basan en sus relaciones con sus pacientes y con las instituciones de salud donde labora. Entre los primeros se incluyen la libertad de expresión, la seguridad jurídica, el derecho a asociarse, a llevar una vida digna, el derecho a la neutralidad en la atención de enfermos y lesionados. Por las obligaciones que tiene con sus pacientes tiene además el derecho de recibir una capacitación adecuada que lo oriente para servir a la comunidad, a actualizarse con el apoyo de las instituciones de salud y contar con los medios para dar la atención de más alta calidad a los que ponen en sus manos su salud y su vida.

De acuerdo con los principios aceptados universalmente, el médico puede, con toda libertad, expresar sus opiniones e ideas. Desafortunadamente tiende a extenderse la práctica de comentar en contra de las acciones de un colega o de una institución, práctica contraria a la ética y a la solidaridad gremial. Esta actitud erosiona la credibilidad y la confianza de la población en los propios médicos. Los desacuerdos deben manejarse con toda discreción y el respeto a los que todos los profesionales tenemos derecho.

Cambios necesarios al Sistema de Salud en México

La seguridad jurídica impide que el médico sea arbitrariamente detenido, y en caso de ser acusado de delito, tiene derecho a que se presuma su inocencia mientras no se pruebe su culpabilidad conforme a la ley. En México, a partir de abril de 1989, se firmaron las Bases de Colaboración entre la SSA y la Procuraduría General de Justicia del Distrito Federal (PGJDF), de las que surgió el compromiso moral para la Procuraduría, en el sentido de que no se girarían órdenes de aprensión en el caso probable de responsabilidad médica, mientras no existiera una opinión técnica de la SSA. En mayo de 1990, se suscribieron bases de colaboración similares entre la SSA y la Procuraduría General de la República en las que intervino la Comisión Nacional de Derechos Humanos (CNDH).

Los médicos tienen derecho a no ser molestados en su honra y en su reputación. El respeto que el médico merece de parte de la sociedad a la que sirve, no debe ser dañado arbitrariamente.

El doctor en leyes, Ignacio Galindo Garfias ha señalado: "Cuando surge una demanda contra un médico, las autoridades judiciales tienen el deber moral de evitar la publicidad del asunto, porque va en ello el prestigio del médico. Se exige discreción, atingencia, para no vulnerar el respeto a la dignidad del médico, la estima social a un profesionista de esa categoría".[21]

Con relación a la libre asociación, en algunas instituciones oficiales los médicos cuentan con el apoyo de un sindicato, que debe vigilar que se cumplan los derechos laborales de los profesionales sindicalizados.

---

[21] Galindo-Garfias I. Responsabilidad profesional. En: La responsabilidad profesional del médico y los derechos humanos. México. 1995; 12.

Cambios necesarios al Sistema de Salud en México

Los sueldos bajos, que provocan que el médico se desgaste y se agote laborando en varias instituciones para lograr un medio de vida digno, dañan seriamente su buena disposición y su entrega al trabajo. El descanso y el tiempo libre para su superación cultural son derechos humanos de los que el médico debe disfrutar.

Una vez que el médico ha recibido su título, tiene derecho a cursar una especialidad, en la que las instituciones académicas y de servicios tienen la obligación de prestarle la máxima atención y cuidado, afín de otorgarle una preparación de excelencia en sus conocimientos y destrezas. Las instituciones que no promueven la actualización de su personal de salud, están actuando en contra de los derechos de los enfermos a recibir la atención más adecuada. La asistencia a congresos, a cursos y a otras actividades académicas similares, es un deber para los médicos, como es una obligación para las instituciones otorgarles facilidades económicas y laborales.

La vida académica de médico incluye el derecho a investigar en sus pacientes, de acuerdo con los principios éticos aceptados. Sus investigaciones deben ser apoyadas por la institución donde labore. Esto estimulará su superación y establecerá los principios para dar una mejor atención a los pacientes.

Los médicos tienen derecho a expresar sus ideas: la libertad de escribir y publicar escritos sobre cualquier materia se fundamenta en la ley.

Si el médico labora en una institución, tiene el derecho a manifestar sus ideas respecto a la manera de mejorar la atención, siguiendo las normas

Cambios necesarios al Sistema de Salud en México

que al respecto están establecidas, y las autoridades deben responder a sus solicitudes y sugerencias.

El médico cuida la salud de los pacientes y tiene derecho de prescribir los procedimientos de diagnóstico y tratamiento más adecuados según su criterio y exigir que se cumplan sus indicaciones.

Es un derecho de todos los trabajadores el contar con los medios para desempeñar adecuadamente sus funciones. Estos medios deben ser proporcionados por la institución donde labore. El médico tiene derecho a contar con estos elementos, ya que de otra manera NO puede cumplir con su responsabilidad.[22]

El médico debe de contar con el tiempo suficiente para ver con cuidado a cada uno de sus enfermos y debe de contar con el personal de apoyo para realizar sus actividades.

Una muestra de que no están dadas las condiciones para un ejercicio digno es lo sucedido en Comitán, Chiapas con la muerte de 26 bebés en el mes de diciembre del 2002. En una nota del periódico *Reforma* del 9 de febrero del 2003 se lee: "Los asistentes al inédito Foro, hombres y mujeres indígenas y mestizos de diferentes condiciones sociales, salieron en defensa del hospital y de sus trabajadores, exigieron que se respete el derecho a la salud y a la vida, y responsabilizaron de la crisis y de las muertes de recién nacidos, ocurridas entre diciembre y enero, "a la política de muerte que están aplicando los gobiernos estatal y federal".

---

[22] García-Romero Horacio. Los derechos humanos del médico. Gac Méd Méx 1995;131(2):245-250.

Cambios necesarios al Sistema de Salud en México

En el marco del Foro Comitán por la Dignidad y el Derecho a la Salud, los asistentes responsabilizaron a los Gobiernos federal y estatal de la crisis en el Sector Salud y demandaron la entrega de recursos para el hospital general".[23]

En otra nota del mismo día y en mismo periódico se lee: "Entre aplausos, el doctor Raúl Belmonte, ex director del Hospital General de esta ciudad, dejó ayer en claro que "no vamos a pedir perdón por haber atendido con lo que teníamos y con lo que tuvimos digna y honestamente".

Para él, señala, éste ha sido un mes de incertidumbre, de desesperación por no poder regresar al quirófano, donde ha dejado más de la mitad de su vida, por no poder atender a sus pacientes, enfermos de pobreza y abandono.

Afirmó, en cambio, que sí pedirá perdón a las personas afectadas "por seguir siendo un pueblo con desigualdades abismales, por tener congresos que no han sido capaces de conseguir presupuesto digno y suficiente para la vida, por no haberlos corrido el día que llegaron, y por tener hospitales tan miserables y tan pobres".[24]

Lo sucedido en Comitán podría repetirse en cualquier sitio del país, una muestra es la siguiente nota: "En el Hospital Pediátrico de Iztacalco las enfermedades no son el único signo de la pobreza. A las cuatro mil consultas diarias que otorga, se suman las carencias. Los médicos laboran tres turnos y un solo galeno, de esa especialidad, atiende desde recién

---

[23] del Riego MT. Abogan ONG por doctor en Comitán. Reforma. Domingo 9 de febrero del 2003, p. 23A.
[24] del Riego MT. Avalan labor hospitalaria. Reforma. Domingo 9 de febrero del 2003, p. 23A.

Cambios necesarios al Sistema de Salud en México

nacidos hasta jóvenes menores de 18 años. Sin embargo, únicamente cuenta con camas para niños o cunas para recién nacidos, alrededor de 50 en promedio. Y aunque 49 por ciento de sus pacientes pertenece a esa demarcación, brinda atención a enfermos del Estado de México y de otras delegaciones".[25]

Por si las condiciones indignas en las que laboran los médicos no fueran suficientes, está el problema de las agresiones de familiares de pacientes. ¿Qué se puede hacer ante la actitud agresiva de los familiares de algunos pacientes, o de los mismos pacientes que agreden sin razón al médico e incluso lo amenazan? Sonará exagerado pero estaría bueno pasar visita diaria en compañía de un abogado, para que se diera cuenta de las situaciones ilógicas en cuanto a las exigencias y ante la posibilidad de una demanda más valdría adelantarse a los hechos y poner una acusación por difamación. ¿Es este el camino al que está llevando la sociedad?

Y mientras el médico libra una guerra de trinchera todos los días contra los ataques que sufre, las instituciones que son las que distribuyen los recursos parece que no cambian. Da la impresión de que aún persiste el Estado totalitario en la salud, donde no hay tolerancia para las opiniones que tratan de mejorar las condiciones de trabajo de los médicos. Sin embargo, los tiempos están cambiando poco a poco y en todo el mundo. Paul Jung, *fellow* en Johns Hopkins, junto con otros colegas lanzaron una demanda en representación de aproximadamente 200,000 residentes en los EUA alegando que el Programa Nacional de Selección de Residencia viola

---

[25] Concentrada, infraestructura hospitalaria de la ciudad. La Jornada, jueves 15 de marzo, 2001, p. 41.

Cambios necesarios al Sistema de Salud en México

la legislación. Se alegó como punto fuerte un exceso de trabajo con baja paga, e igualmente exigieron mejoras en las condiciones de vida.[26] Si esto pasa en un país de primer mundo, ¿qué injusticias no pasarán en México?, ¿por qué causas no podremos luchar?

Como siempre sucede, aprovechando una fecha conmemorativa se emiten discursos para aprovechar el marco contextual, tal como pasó un 24 de octubre celebrando a los médicos que la SSA anunció una carta de diez derechos generales para los médicos.[27] En lo que a mí respecta me da satisfacción que las ideas buenas persistan, y si bien no se creó este decálogo como resultado de mi carta por la que fui presionado, me indica que hubo otras personas que se dieron cuenta de la misma carencia, carencia de derechos de los médicos.

"...la celebración de ayer sirvió de marco para la presentación de la carta de los derechos generales de los médicos, cuya elaboración estuvo coordinada por la Comisión Nacional de Arbitraje Médico (CONAMED). El documento "hace explícitos los principios básicos sobre los cuales se sustenta la práctica médica".

...Fox Quesada subrayó la importancia de que "todo mundo" conozca el decálogo, igual que os códigos de conducta y de bioética para el personal de salud, que recientemente han sido aprobados por consenso en la comunidad médica.

---

[26] CMAJ. Reluctant residents. CMAJ 2002;166(12). Editorial.
[27] Angeles Cruz, Venegas JM. Encomia Fox la labor de médicos y admite rezagos en el sector salud. Anuncia la Ssa carta de diez derechos generales para quienes ejercen esa actividad. La Jornada, jueves 24 de octubre del 2002, p. 45.

Cambios necesarios al Sistema de Salud en México

...el secretario de salud...Dijo que en el mundo actual Los doctores han sido, son y serán protagonistas de los logros presentes y futuros en la salud y el bienestar de los mexicanos."

Los diez derechos de los médicos publicados en el Diario Oficial de la Federación (DOF) son:

1. Recibir trato respetuoso por parte de pacientes y familiares, así como de sus superiores y personal relacionado con su trabajo profesional.
2. Trabajar en instalaciones apropiadas y seguras que garanticen su práctica profesional.
3. Tener a su disposición los instrumentos e insumos que requiere su práctica profesional.
4. Tener acceso a educación médica continua y ser considerado en igualdad de oportunidades para su desarrollo profesional.
5. Asociarse para la defensa de sus intereses profesionales.
6. Salvaguardar su prestigio profesional.
7. Ejercer la profesión en forma libre y sin presiones de cualquier naturaleza.
8. Participar libremente en la atención médica del paciente.
9. Percibir remuneración por los servicios prestados.
10. Tener acceso a actividades de investigación y docencia en el campo de su profesión.

Ojalá que realmente hubiera no solo demagogia sino compromiso con la salud en México. Es increíble tener noticias de tratamientos a la

Cambios necesarios al Sistema de Salud en México

vanguardia en países como Cuba,[28] que pese a las restricciones económicas por los bloqueos y ser pobre, destina sus recursos para mantener sanos a sus habitantes, mientras que en México, con relativamente mayor cantidad de fuentes económicas, escuchamos de rescates carreteros, de rescates bancarios pero no de rescates de hospitales, no de rescate de las precarias condiciones de salud en las que viven millones de mexicanos. Ojalá de los escritos a los actos bastaran unos segundos o unos días, pero aunque el decálogo de los derechos de los médicos ya se ha publicado, las protestas y crudas realidades son notas de todos los días. Por ejemplo, en el Hospital Juárez de México, de la SSA, los residentes tuvieron que ir a paro e incluso hicieron una marcha,[29] debido a falta de equipo para trabajar, no sólo de tecnología sino de material como gasas y torundas que hasta parece ridículo que escaseen en un país que se dice la novena economía del mundo. Como da a conocer dice la nota:

"Luego de 28 días de suspensión de actividades, los médicos residentes del Hospital Juárez de México concluyeron ayer su protesta, al obtener de las autoridades de la SSA convenios y contratos que aseguran el cumplimiento de sus principales demandas, así como el abasto de medicamentos y material de curación para los días próximos.

Los becarios resaltaron que todavía prevalece la incertidumbre sobre lo que pasará cuando se agoten los insumos que se pusieron a

---

[28] Angeles Cruz. Fructifica en Cuba el combate al Parkinson. La Jornada, miércoles 16 de julio 2003.
[29] El Gráfico Universal, 2 de julio del 2003.

Cambios necesarios al Sistema de Salud en México

disposición de los médicos en cada uno de los servicios del nosocomio, porque "nos dieron calidad, pero no cantidad".

Insistieron en que dicho abastecimiento corresponde a la "lista básica", es decir, es lo mínimo indispensable para atender a los enfermos. Esa lista, a su vez, equivale a un abasto de 50 por ciento con respecto al total de los recursos que deberían tener los facultativos para asegurar un servicio medico de calidad, tal como lo platea la estrategia gubernamental Cruzada Nacional por la Calidad.

...Una de las demandas que motivó el paro de los residentes fue, precisamente, que el tomógrafo dejó de funcionar hace varios meses. Las autoridades de la SSA aseguraron –y también esta dentro del convenio firmado- que el próximo lunes estará disponible este equipo y al mismo tiempo comenzará el proceso administrativo para la adquisición de uno nuevo.

...Otro de los compromisos firmados por la SSA con los médicos residentes tiene que ver con iniciar la adquisición y reposición de equipos de resonancia magnética, fluoroscopía y los que sean necesarios para la correcta operación de los diferentes servicios.

También se realizarán trabajos de mejora a las áreas de descanso de los estudiantes, del acervo de la biblioteca y del comedor, incluso con cambio de la empresa contratada para la preparación y distribución de los alimentos...".[30]

---

[30] Angeles Cruz. Suspenden protesta los médicos residentes del Hospital Juárez. La Jornada, miércoles 16 de julio 2003.

Cambios necesarios al Sistema de Salud en México

Insistiendo en los puntos que hasta el momento he puesto sobre la mesa de discusión están los conceptos que explica con mucha mayor sapiencia y experiencia el Dr. Meaney:[31]

En relación a los ataques contra los médicos dice: "....Hemos callado por desidia, por temor o por una falta imperdonable de sentido solidario con muchos de nuestros colegas injustamente linchados en los medios". Es fácil que a través del llamado "cuarto poder" (los medios de comunicación) se critique a algún médico, atribuyéndose incluso la capacidad de juzgarlo culpable sin que éste pueda defenderse. Ciertamente sí ha habido actitudes poco éticas y también ha habido errores, sin embargo, cuando los ataques han sido injustos ¿se le ha brindado el derecho de replica al médico difamado?

Continuando con sus anotaciones el doctor Meaney nos explica: "...Cuando un paciente es asistido por un médico, se establece un contrato generalmente tácito y de buena voluntad, un tanto asimétrico, que el paciente puede romper cuando quiera, sin dar cuentas de nada, a veces por motivos injustos y pueriles. En cambio, el médico no puede negarse a ver a un paciente por antipatía o por razones económicas, raciales, religiosas, políticas o de preferencias sexuales. El contrato, sin embargo, obliga a las dos partes a un trato digno y respetuoso y al acatamiento de ciertas normas generales, no sólo morales, sino legales e incluso mercantiles. De nuevo la asimetría: hay un número considerable de demandas de todo tipo contra los médicos y muy pocas de parte de estos contra pacientes morosos, que no

---

[31] Meaney E. El médico y su mundo. El quehacer médico y la ética. Bayer. 2002.

Cambios necesarios al Sistema de Salud en México

cumplieron sus obligaciones económicas o que extendieron cheques sin fondo o hicieron otras trapacerías". Es desagradable pero debe buscarse una acción penal contra pacientes o familiares de pacientes que difamen al médico, que no paguen, etc., y de ganarse una de estas querellas, debe darse a conocer al gremio para demostrar que sí se puede luchar por la dignidad de la profesión.

También puntualiza lo siguiente: "Los médicos sobrecargados de trabajo no tienen tiempo para establecer el vínculo médico de la relación médico-paciente". El médico burocratizado tiene que liar todos los días con la papelería, una hoja diferente para interconsultas, imagenología, laboratorio, estudios que no se hagan en la unidad médica, para traslado, para todo, pero a manera de contraste, lo que resulta molesto digamos para una residente de radiología a las 2 de la mañana en un hospital institucional, como sería que le pidan una tomografía o sólo un ultrasonido, no lo es en la medicina privada porque significa dinero. La medicina debe simplificarse, hacerse práctica, pues si bien un estudio en la madrugada no significara más dinero, sí se puede hacer que el ambiente sea más agradable, que el trato sea más digno y se disminuyan las actividades secretariales.

Continua con su punto de vista el doctor Meaney: "Ahora al paciente ya se le ve como a un enemigo potencial que buscará cualquier error, la mínima omisión, para demandar y obtener un pingüe beneficio a costa del seguro médico. Por eso el profesional se protege adquiriendo costosos seguros contra la mala práctica y cubriéndose las espaldas ordenando una serie de estudios onerosos, a veces innecesarios. La

Cambios necesarios al Sistema de Salud en México

medicina se complica, los costos se elevan y finalmente son los pacientes y la misma sociedad los que pagan esa locura. La mayor parte de las demandas ante la CONAMED son resultado de la actitud irracional de los familiares, es producto de la desesperación ante el sufrimiento o la muerte de un ser querido". Resulta nostálgico el pensar en otros tiempos en los que el médico acudía con gusto en la madrugada a atender a un paciente, e incluso recibir como paga un gallo, unos ricos aguacates o tal vez sólo un sincero agradecimiento y la lealtad cuando se ofreciera algún problema. La inseguridad en nuestro país, la competencia encarnizada e incluso desleal, la necesidad de ofrecerle un mejor nivel de vida a los hijos, etc., han hecho que muchos toques que hacían de la medicina algo tan única y especial se hayan perdido.

En un ambiente donde hay confianza mutua, honestidad y responsabilidad, no se necesitan medidas impositivas. Si los mexicanos nos caracterizáramos por ser responsables y actuar de manera comprometida cuando nos otorgan libertades otra sería nuestra realidad, pero como sucede lo contrario, se han tenido que implementar políticas para verificar que se cumpla con un trabajo. Uno de tales inventos ha sido la Contraloría; de esto dice el doctor Meaney: "...las autoridades de la Contraloría persiguen a muchos de los médicos acusados de alguna cuestión que termina en pérdida material para las instituciones gubernamentales. Aplicando una ley a todas vistas anticonstitucional, los contralores tiene el poder de suspender a los profesionales y de cobrarles sumas de dinero, exorbitantemente elevadas, que ellos mismos estiman, con oscuros criterios administrativos.

Cambios necesarios al Sistema de Salud en México

Los médicos echan de menos comisiones 'controladoras' para los practicantes de la ingeniería, la abogacía, la contabilidad, etc.".

¿Qué sugerencias podríamos tomar para cuidarnos a nosotros mismos y mejorar nuestra medicina? "Lo primero que hay que hacer es volver nuestra praxis meticulosa y en extremo responsable, no sólo por temor a las demandas, sino porque ésa debe ser la actitud vigilante y perfeccionista de los médicos. Nuestro trabajo debe ser esmerado en la medida de nuestras posibilidades humanas. Esa actitud de esmero conlleva un constante espíritu de superación para mantener muy alto el nivel de nuestras destrezas y actualizados nuestros conocimientos. Pero como errar es humano, todos los que atendemos pacientes estamos en riesgo de equivocarnos, a veces gravemente, y originar con nuestro yerro consecuencias funestas, incluso la pérdida de la vida del paciente. Muchos de estos errores son cometidos sin dolo y sin otros agravantes. ¿Quién puede juzgar estas fallas que dependen de la naturaleza misma de los seres humanos? Pero si se obra con prudencia y eficiencia, la posibilidad de errar disminuye grandemente.

Insisten nuestros abogados y cuesta trabajo hacérselo entender a muchos colegas: es el expediente el que salva o condena. Las notas clínicas deben reflejar quién vio al paciente, en qué día y a qué hora, en qué condiciones clínicas lo encontró.

Al proponerle al paciente un estudio o intervención que involucre cierto riesgo, aparte de explicar las razones de su indicación, hay que señalar la naturaleza y magnitud del riesgo y su relación con el beneficio que se obtendrá. Y todo lo que se le dice al paciente y a sus familiares hay que escribirlo en el expediente, y hacerlos firmar, frente a testigos, un documento donde se dan por enterados y conformes con las explicaciones recibidas.

En general el buen trato baja el nivel de ira, las explicaciones amistosas disminuyen el ansia de revancha y el interés genuino que muestra el médico por el caso disminuye la animosidad militante. La importancia de una buena empatía con el paciente y sus familiares desbarata el estado mental que propicia las demandas y, lo que es más importante, facilita todo el proceso del acto médico". Son estas también palabras del doctor Meaney, obviamente cada uno con la experiencia se va dando cuenta de más acciones que nos ayuden a evitar malos entendidos y salir adelante en caso de dificultades con pacientes o sus familiares.

Coincidiendo con las ideas que ya expuse acerca de los ataques contra los médicos, en el mismo texto último referido encuentro unos párrafos que señalan:

"El derecho que asiste a los pacientes de demandar a sus médicos es hasta ahora un derecho no equitativo o asimétrico, pues si el paciente o sus familiares no prueban su acerto el médico no es resarcido. Si la acusación finalmente no es probada, nadie le paga al médico el gasto de su defensa legal, el efecto nocivo sobre su reputación si el asunto llega a los medios de comunicación, la pena moral, la pérdida de tiempos, etcétera".

"Las cosas están hechas para defender al acusador y no para defender al acusado. Sería un eficiente mecanismo de disuasión el que supieran los pacientes y familiares que piensan demandar que la ley nos

Cambios necesarios al Sistema de Salud en México

protege a todos y que una acusación no probada puede originar una contrademanda penal y civil".

"Es muy conveniente que todos los médicos que tienen a su cargo el cuidado de pacientes, pero en especial aquellos que practican las ramas de la medicina de elevado riesgo estén protegidos con un amplio seguro de protección legal". Esto es sumamente importante porque: "Cuando los tribunales fallan en contra de las instituciones las penas son económicas. ¿Y la responsabilidad institucional? ¿Quién es el responsable de que nuestros hospitales estén en el ruinoso estado en el que se encuentran, de que no haya personal, de que no haya insumos?". Parte de las críticas que haría hasta un niño de kinder es preguntar por qué se asignan salarios millonarios para diputados, senadores, gobernadores, que tienen un pésimo desempeño, no se presentan a sus trabajos, etc., y no hay dinero para medicamentos. Los servidores públicos están para que la comunidad progrese y deberían de ganar salarios bajos, de esta manera los verdaderamente comprometidos y honestos ocuparían esos lugares que la mayoría utiliza para enriquecerse de manera fácil.

Es urgente que se asignen más recursos para la salud, no en los salarios de los directivos sino en insumos. Las prioridades del país deberían ser la educación y la salud, pero por ejemplo, la atención en 1996 del gasto per cápita en salud tuvo un promedio nacional de 0.34%,[32] ocupándose el 46.6% del presupuesto en atenciones curativas y el 9.2% a prevención. Los años han pasado (y parece que seguirán pasando) y las prioridades económicas siguen siendo para los poderosos, como dice una nota de *La*

---

[32] Dirección General de Programación y Presupuesto, DGEI, SSA. 1996.

Cambios necesarios al Sistema de Salud en México

Jornada: "La propuesta presupuestal del presidente Vicente Fox mantiene el rescate de banqueros, pero no de maestros, médicos y campesinos, manifestó Carlos Imaz, en ese entonces coordinador de la consulta sobre prioridades nacionales que efectuaría el Partido de la Revolución Democrática (PRD)".[33]

Debido a que las instituciones pagan salarios indignos, un porcentaje muy alto de médicos trabajan en alguna institución de gobierno y a su vez dedican tiempo a la medicina privada. Otros, ante la falta de empleo y de oportunidades se dedican a otra actividad diferente a la medicina por lo que entramos en una de las paradojas del país, hay muchas escuelas y facultades de medicina en el país y cada año egresan miles de médicos, estos se encuentran con desempleo y con dificultades para acceder a una mayor superación ya que el número de plazas de una residencia médica está limitado por el presupuesto que asigna Hacienda, y esto está en relación con lo que decide el Congreso en el aspecto del presupuesto de egresos a cada área. Paradójicamente, una gran cantidad de la población no tiene acceso a los servicios de salud. Hay una mala distribución de recursos humanos y de recursos económicos, no es justo que sufra gente pobre por no poder pagar una atención médica y que sin embargo sí haya suficientes médicos aunque estén mal distribuidos y mal pagados en el interior de la República Mexicana. La mala distribución se puede ejemplificar al ver que en 1996 había 27,866 médicos en el DF y sólo 959 en Campeche.[34]

---

[33] Dávalos R. Criminal, el proyecto de presupuesto: Carlos Imaz. La Jornada, domingo 10 de noviembre del 2002, p. 10.
[34] Boletín de Información Estadística. Vol. I. No. 16. 1996.

Cambios necesarios al Sistema de Salud en México

Es necesario que se consideren modificaciones al sistema educativo y de salud, como por ejemplo, la restricción de lugares para estudiar medicina, aplicándose en todas las escuelas y facultades de medicina del país (lo mismo debería hacerse con otras carreras sobresaturadas que están "sacando" generaciones de desempleados como derecho, contaduría, etc.), al mismo tiempo deben aplicarse incentivos para que los médicos se establezcan en lugares donde más se les necesita, por ejemplo con exención de impuestos los primeros dos años en lo que se hacen de clientela, asegurar adecuadas vías de comunicación (terrestre, electrónica, etc.), sustituir a los médicos pasantes por médicos generales e incluso especialistas con buen sueldo, etc.

Cambios necesarios al Sistema de Salud en México

Cambios necesarios al Sistema de Salud en México

Área científica

A lo largo de la historia de la humanidad a los médicos a quienes les ha interesado entender, prevenir y curar las enfermedades se han preocupado por cultivar otras disciplinas como botánica, física, química, psicología, etc., además de la propia medicina. Se les llamaba "naturalistas", lo que implica un conocimiento amplio de la naturaleza.[35]

Hoy en día sigue siendo interesante ver que la tenacidad sale a flote en mentes brillantes y muchos médicos complementan sus habilidades clínicas realizando estudios en microbiología, química, física, computación, etc.

La investigación médica actual no sólo se hace en la cama del paciente sino que gran parte se hace en los laboratorios donde de manera experimental y controlando variables se someten a prueba muchas hipótesis.

Poniendo los pies en la tierra no esperemos tener premios Nobel de un día para otro, pero tampoco despreciemos las ideas de los médicos mexicanos; quizás no resuelvan un problema mundial pero su importancia puede ser muy significativa para los pacientes que atienden de manera cotidiana, para muchos de estos enfermos *SU* médico es *SU* única o última esperanza.

Los médicos de atención primaria de todo el país (considerando médicos generales, familiares y pasantes de medicina), no desarrollan todas sus capacidades profesionales porque en todos los centros de trabajo se le da prioridad a los procedimientos administrativos, y el médico se burocratiza, con pérdida progresiva de su curiosidad por el conocimiento médico de vanguardia, se entra en una rutina monótona con el resultado de alcances limitados para su persona y la comunidad donde labora, perdiendo en esa monotonía la iniciativa por la academia y el quehacer científico, con menos tiempo aún para la docencia y las aportaciones propias para su trabajo.[36]

Otros aspectos de su innovación, son favorecer la preparación continua del propio médico y la promoción de la investigación como actividad complementaria para la superación del mismo profesional de la salud, pues es la ciencia un parámetro más que mide el desarrollo de los pueblos.

El artículo 27.2 de la declaración universal de los derechos humanos establece que: "Toda persona tiene derecho a la protección de los intereses morales y materiales que le correspondan por razón de las producciones científicas, literarias o artísticas de que sea autora". Una acción poco ética que se hace en la práctica científica es que si un médico residente publica un artículo, debe poner primero el nombre de su jefe de servicio y en muchos casos de su médico adscrito, siendo esto poco honesto, debido a que quienes deben aparecer en una publicación son las personas que hayan contribuido de manera activa en la elaboración de un protocolo, en su realización y en su presentación final. Se pretende tapar el

---

[35] Méndez-Ramírez I. Interacción del investigador médico con otros científicos. Gac Méd Méx 1991;127(5):455-458.
[36] Gómez Mendoza I. Desarrollo profesional del médico familiar. Un punto de vista. Rev Med Inst Mex Seguro Soc, 1994; 32(1):45-46.

Cambios necesarios al Sistema de Salud en México

sol con un dedo, y lo que es peor, con el dedo meñique, se pretende cubrir la deficiencia en formación científica de los jefes de servicio con una exigencia poco honesta y que corrompe a los jóvenes médicos. Esta medida lejos de impulsar la investigación la inhibe porque obviamente no es admisible darle crédito a quien no trabaja, así se trate de un rey o una "vaca sagrada" como se dice en el ambiente médico a aquellos galenos que tienen peso en el gremio.

Las instituciones de salud no han hecho tradición científica, sí de repetición de conocimientos que se generan en otros países, pero de ninguna manera hay una historia de medicina científica generalizada. También es verdad que su apoyo y disposición se pierde en los recursos oficiales y en la demagogia.

Si bien es cierto que existen médico, servicios y quizás algunos hospitales destacados en investigación, esta actividad no se ha cultivado como debería en nuestra nación. Para darnos cuenta de la realidad y mediocridad en la que estamos sumidos se puede hacer un sencillo ejercicio, ingresar a la página "PubMed" y anotar como palabra de búsqueda el nombre del hospital donde se está cursando la especialidad o el instituto de salud de cada estado o los nombres de los directores de cada hospital o los jefes de servicio y veremos nuestra triste y lamentable realidad.

La investigación en medicina es una necesidad para evitar el rezago académico y para encontrar nuevas alternativas para el manejo de enfermedades. Generalmente se requiere de un trabajo multidisciplinario. La primera piedra que hay que quitar es a otros médicos a los que no les

Cambios necesarios al Sistema de Salud en México

interesa la investigación y que tratan de obstaculizar el ímpetu de los médicos a los que sí les interesa la búsqueda de nuevos conocimientos. Es necesario fortalecer la interdisciplina formando médicos que puedan interactuar exitosamente con otros médicos-científicos y con científicos de otras áreas.

Sabemos que existe por ejemplo el Programa de Maestría y Doctorado en Ciencias Médicas, Odontológicas y de la Salud de la UNAM, y que en sus convocatorias menciona que puede aplicar aquel especialista que vaya por lo menos en el segundo año de su respectiva especialidad médica. La realidad es que pese a que el reconocimiento universitario en la gran mayoría de las sedes hospitalarias en la ciudad de México depende de la UNAM y debería haber apoyo y respaldo pleno a sus programas, los hospitales, o mejor dichos sus dirigentes, ponen trabas para ingresar a dicho programa, o de plano en vez de apoyar bloquean. Es indudable que minimizan a los residentes ya que piensan que no tienen las capacidades intelectuales para cumplir un programa de investigación. Pero eso sí, cuando se da el caso de que un médico residente accede al programa y lo concluye, el instituto se adorna como si su apoyo hubiera sido magnánimo.

Pero existen otros temas de la ciencia y la medicina que tienen un tono de colonialismo de un país hacia otro. Aquellos económicamente débiles no pueden acceder a los avances científicos y tecnológicos y no pueden invertir en investigación cuando tienen como prioridad invertir en alimentación.

No cabe duda que el conocimiento es poder y la manipulación del mismo es una manera de someter a otros. Un ejemplo de esto sería lo

Cambios necesarios al Sistema de Salud en México

relacionado con la clonación. Se ha desatado una oposición mundial a esta práctica, sin embargo es un arma de dos filos ya que al cegarnos por el temor de que sea una práctica casi casi satánica, nos privamos de grandes alternativas que ofrece para el estudio y manejo de enfermedades hasta ahora incurables.

Es muy dudoso que países poderosos firmen un acuerdo mundial para rechazar la clonación cuando la historia nos ha demostrado una y otra vez que son firmas falsas en las que no podemos confiar, ¿por qué se exige el desarme de una nación chica y sin embargo los EUA sí que poseen bombas de superdestrucción? Es tonto pensar que los más poderosos van a respetar un acuerdo internacional. No nos extrañe que mientras se prohíba la clonación en todos los países del planeta en cincuenta años nos resulten con que ya hicieron la primera colonia de seres humanos clonados en algún estado de la Unión Americana donde por alguna enmienda presidencial o alguna otra artimaña se permitió continuar con esta técnica; tampoco nos extrañe que al final de esos mismos cincuenta años se desregule tal práctica para decirnos que si algún otro país desea llevarla a cabo tendrá que pagar por derechos. No nos dejemos llevar por la ignorancia del oscurantismo y hagamos de nuestras vidas médicas que cada día sea un día de renacimiento donde se aporta un conocimiento nuevo, se analiza, se investiga.

Es en momentos como los que vivimos en abril del año 2009, con la epidemia de influenza A/H1N1 que nos lamentamos profundamente por la carencia de recursos tecnológicos en México y la dependencia que tenemos de otras naciones, en este caso específico de Canadá y USA para acelerar el diagnóstico del virus que ocasionó esta nueva enfermedad, como

Cambios necesarios al Sistema de Salud en México

también lamentamos la carencia de una visión de estado sobre lo que debería ser una medicina de vanguardia en nuestra nación, con capacidad diagnóstica, de tratamiento y prevención. Como ha sido señalado, la visión neoliberal y de ignorancia de la lamentable clase política mexicana llevó al desmantelamiento de la empresa paraestatal Birmex (Laboratorios de Biológicos y Reactivos de México), del Instituto Nacional de Higiene y del Instituto Nacional de Virología.[37]

Mientras en México es difícil encontrar con universidades públicas con equipo científico para hacer investigación en condiciones óptimas, en el presupuesto federal de México en el año 2009, el IFE contó con 12 mil 180 millones de pesos,[38] mientras que cuatro mil millones de pesos fueron aprobados para vacunas, investigación y control epidemiológico, para vigilancia epidemiológica se aprobaron para este 2009 casi 835 millones de pesos; para reducción de enfermedades prevenibles por vacunación, mil 101 millones 860 mil pesos; para investigación y desarrollo tecnológico en salud, mil 10 millones 361 mil pesos, para promoción de salud, prevención y control de enfermedades crónico degenerativas y transmisibles, 550 millones 814 mil pesos; y para protección de riesgos sanitarios se aprobaron más de 636 millones de pesos.[39]

El 24 de febrero del año 2009, la junta general ejecutiva del IFE otorgó a los consejeros de dicha institución, a petición de ellos mismos, un aumento de sueldos que iba de 172,000 a 330,000 pesos al mes. Los

---

[37] http://www.jornada.unam.mx/2009/05/02/index.php?section=opinion&article=004o1pol
[38] http://www.cronica.com.mx/nota.php?id_nota=397589
[39]
http://www.vanguardia.com.mx/diario/noticia/politica/nacional/prd_exhorta_a_shcp_y_salud_a_ejercer_presupuesto_2009_ante_emergencia/340386

Cambios necesarios al Sistema de Salud en México

consejeros se echaron para atrás y anunciaron que no recibirían el aumento. Sin embargo, no devolverán el dinero a los contribuyentes: aún están estudiando qué hacer con él. Como si el tema fuera una mala comedia, el 26 de febrero se publicó en el DOF un Manual de procedimientos de la Suprema Corte que señalaba que el sueldo de los ministros sería equivalente a 347,000 pesos al mes. Esto implicaría un aumento de 4.3 por ciento sobre los montos del 2008. Otros funcionarios del Poder Judicial son igualmente bien pagados: los consejeros de la Judicatura Federal ganan 337,000 pesos mensuales; los magistrados del Tribunal Electoral, 343,000 pesos; los magistrados de circuito, 200,000 pesos al mes; y los jueces de distrito, 176,000. El sueldo total más prestaciones del presidente de la república, se eleva a 277,000 pesos al mes.[40] En comparación, la beca de un pasante de medicina es de menos de mil pesos al mes.

---

[40] http://www.elcato.org/node/4158

Cambios necesarios al Sistema de Salud en México

Cambios necesarios al Sistema de Salud en México

Charlatanismo y medicina tradicional

Un aspecto paradójico en nuestro país es que se hagan campañas de linchamiento contra médicos, que dependen en mucho de los recursos con los cuales los dota la institución en la que laboran, y sin embargo no se emprendan acciones firmes contra quienes se burlan de la buena fe y última esperanza de las personas quienes buscan solución a sus problemas de salud. Los ejemplos son variados tales como aquellos que se anuncian en el periódico atribuyéndose la capacidad de sanar a enfermos de cáncer con terapias muy dudosas, y lo mismo sucede para el síndrome de inmunodeficiencia adquirida (SIDA) o la diabetes. En estos casos la SSA dice que no tiene injerencia, pero tampoco hace nada alguna otra dependencia para poner orden a este caos y a estas burlas.

Una muestra de que sí se podría poner orden es lo narrado en el periódico *Reforma* el 23 de febrero del 2003: "Un operativo conjunto internacional acabó ayer con las actividades de una clínica canadiense ubicada en Tijuana que ofrecía un tratamiento alternativo para combatir el cáncer, y que funcionaba en esa ciudad desde 1998.

La Comisión Federal de Comercio de EUA (*Federal Trade Commission*, FTC), en coordinación con funcionarios de Canadá y México, presentaron cargos en contra de la compañía CSCT, Inc., con base en la Columbia Británica, por afirmar falsamente que puede tratar el cáncer por medio de la utilización de un dispositivo electromagnético que mata las células cancerosas.

Cambios necesarios al Sistema de Salud en México

Al considerar las acusaciones de la oficina federal de protección al consumidor, un tribunal federal de Chicago prohibió a CSCT hacer aseveraciones sobre sus terapias, congeló los activos de la compañía y ordenó el cierre de su sitio Web en la red mundial.

A petición de la FTC de EUA y en coordinación con el ministerio de salubridad canadiense, funcionarios mexicanos de la Comisión Federal para la Protección contra Riesgos Sanitarios (Cofepris) inspeccionaron la clínica en Tijuana y descubrieron que violaba las leyes mexicanas al utilizar el tratamiento electromagnético que no ha sido aprobado.

Según las autoridades estadounidenses, la condición de muchos pacientes se deterioraba y fallecían tras abandonar la clínica".[41]

En esta misma nota se comenta que también se suspendió a otra clínica llamada *Sanoviv Health Retreat* que ofrecía tratamientos para cáncer, hepatitis C y mal de Parkinson, entre otros padecimientos. En dicho establecimiento se ofrecía la terapia de "antineoplastron", consistente en el uso de diversas sustancias. El costo de la atención era de 21 mil dólares por las primeras tres semanas y 6 mil dólares por cada semana adicional.

Quizás se hizo algo en este caso debido a la denuncia internacional y difícilmente veremos acciones firmes en la república. ¿Acaso tendremos que hacer las denuncias en Canadá y EUA para que se hagan acciones coordinadas? Mientras no se ponga orden y no se actúe con firmeza seguirán proliferando negocios que ofrezcan tratamientos milagrosos, seguirán los fraudes y por otro lado habrá médicos que luchan con escasos

---

[41] Sara Ruiz. Invaden la frontera centros 'naturistas'. Reforma, domingo 23 de febrero del 2003, p. 13A.

Cambios necesarios al Sistema de Salud en México

recursos y con escaso presupuesto, que el mismo gobierno distribuye, para atender a miles de pacientes, con la frustración de saber el tratamiento que debería llevar el enfermo pero con la realidad de decirle que no hay dinero o no hay las medicinas o no hay los estudios que necesitaría. Por ejemplo, si en un hospital de gobierno sólo hay un ventilador y sucede que en una semana se ocupa por un niño que tiene problemas respiratorios, lo más que se puede hacer es rezar porque no requiera ventilador otro paciente, ya que ante la falta del recurso no se le podrá ofrecer el tratamiento que necesite y la pregunta es: ¿es culpa del médico el hecho de que sólo haya un ventilador y que en más de una ocasión haya más de un paciente que lo requiera? Por supuesto que no, este problema es responsabilidad del gobierno, sin embargo no lo soluciona y la gente ataca a un médico como si fuera Satanás. Esto es injusto. Casos como estos son cientos a diario en este país donde la prioridad debería ser la educación y la salud, pero se da preferencia a salvar banqueros y carreteras.

Muchas prácticas se quedan en el límite de lo científico con el empirismo y el charlatanismo. Una explicación para que se produzca el charlatanismo es la necesidad de que haya un consumidor que pague por un producto o una acción. El motivo que los lleva a esto muchas veces es la desesperación. El cáncer es un ejemplo muy claro. Si un médico alópata le dice a un paciente que tiene un tumor incurable y este paciente escucha de tratamientos milagrosos es muy probable que intente acercarse a ellos como última opción ya que no tiene nada que perder con intentarlo. De esto se derivan tratamientos con piedras, con curanderos, con agua de ríos, con sangre de animales, con rituales, con jugos exóticos, con veneno de serpiente, etc. Si nos planteáremos a nosotros la situación de que estuviéramos desahuciados y nos ofrecieran un tratamiento poco convencional para seguir vivos quizás la mayoría aceptaríamos. Pero el hecho de que como personas que poseen libre albedrío aceptáramos un manejo no reconocido por la medicina científica, no elimina el hecho de que exista un delito por abusar de la buena fe de los enfermos.

Otro problema que hace que prevalezca el charlatanismo es el predominio del pensamiento mágico que está en las mentes de una gran porción de la población que al no comprender hechos de razón o de análisis científico caen en el error de explicaciones fáciles. El ejemplo de que los pacientes diabéticos pese a estar muy descontrolados no acepten aplicarse insulina porque se quedarán ciegos, es de todos conocido. La creencia que prevalece es que la insulina los dejará ciegos y no entienden que es el mismo progreso de la enfermedad cuando no se controla.

La presión social y las modas orillan a que se usen productos de dudosa manufactura, de fórmulas "secretas" y que pueden ocasionar daños a la salud. Al respecto, las alternativas para manejo de la obesidad y para el cutis son dos de las más comunes.

Un área de discusión permanente es la homeopatía. La discusión ha estado desde la fundación de la misma por Samuel Christian Hahnemann (1755-1843). El problema reside en que ha desarrollado distintas alternativas para preparar sus productos, con poca uniformidad en sus prescripciones y dificultando por lo tanto el llevar estudios clínicos con todo el rigor científico y que sean repetidos en distintos lugares y con

Cambios necesarios al Sistema de Salud en México

resultados similares.[42] Un dato de llamar la atención es que la Asociación Médica Americana (American Medical Association, AMA) se formó un año después que el Instituto Americano de Homeopatía. El número de pacientes que usaron homeopatía en los EUA se incrementó 500% de 1990 a 1997.[43] Algunos estudios aleatorizados en laboratorio y clínicos muestran mejores resultados con los productos homeopáticos que con placebos. Los estudios realizados con medicina homeopática en general tienen menor calidad a aquellos realizados con medicina alópata.[44] Se necesita hacer más y mejor investigación con los productos homeopáticos y hasta que no se comprenda más su mecanismo se debe mantener presente su efecto y mantener una comunicación estrecha con el paciente que la use.[45] En aquellos pacientes que insisten en tomar sus productos homeopáticos se les pueden permitir, siempre y cuando no abandonen los tratamientos de la medicina alópata, que han demostrado ser los más indicados para cada enfermedad, máxime cuando se trata de patologías graves como cáncer o diabetes mellitus.

  Indudablemente la situación económica de la población tiene mucho que ver con las opciones que se eligen para tratarse. En una época donde la atención a la salud cada vez se encarece más, a un gran porcentaje

---

[42] Jonas WB, Kaptchuk TJ, Linde K. A critical overview of homeopathy. Ann Intern Med 2003;138:393-399.
[43] Eisenberg DM, Davis RB, Ettner SL, Appel S, Wilkey S, Van Rompay M, et al. Trends in alternative medicine use in the United States, 1990-19997: results of a follow-up national survey. JAMA 1998;280:1569-1575.
[44] Jonas WB, Anderson RL, Crawford CC, Lyons JS. A systematic review of the quality of homeopathic clinical trials. BMC Complement Altern Med 2001;1:12.
[45] Jonas WB. The homeopathy debate (Letter). J Altern Complement Med 2000;6:213-215.

Cambios necesarios al Sistema de Salud en México

de la población no se le puede dar el tratamiento que debería recibir debido a que no tiene los recursos para costear el manejo. Un ejemplo es la quimioterapia para los tumores, si la gente no tiene dinero y tampoco derecho a servicios de salud, sus posibilidades de curase se reducen al mínimo. Si a una de estas personas se le ofrece un tratamiento alternativo es muy probable que acepte.

Las causas que ocasionan dolor de difícil manejo también estimulan sobremanera a que el individuo afectado busque alternativas y se deje seducir por la falsa esperanza de tratamientos milagrosos. Existe literatura que reporte precisamente que uno de los problemas para el adecuado manejo de los pacientes con dolor es el charlatanismo.[46]

Para limitar y erradicar el charlatanismo sería necesario un trabajo conjunto de la SSA, de la Procuraduría Federal del Consumidor, y obviamente extender una atención médica de calidad a toda la población.

Un aspecto diferente a charlatanismo lo constituye la medicina tradicional, entendida como la atención de la salud-enfermedad con los conocimientos indígenas. De hecho, de varias especies de flora se han obtenido compuestos químicos específicos y que a la postre han dado pie a una síntesis modificada en laboratorio, tal y como sucedió con la digoxina.[47] Con respecto al caso mexicano, está probada histórica y

---

[46] Stieg RL, Lippe P, Shepard TA. Roadblocks to effective pain treatment. Med Clin North Am 1999;83(3):809-821.
[47] Lozoya J. Fármacos de origen vegetal de ayer y hoy. Revista de Investigación y ciencia. 1997;254:4-10.

científicamente el poder curativo de plantas, etc., que ya usaban culturas prehispánicas.[48]

La medicina tradicional indígena, presente en todos los pueblos o grupos etnolingüísticos de México, es un sistema de conceptos, creencias, prácticas y recursos materiales y simbólicos, cuyo origen se remonta a las culturas prehispánicas. En el caso particular de las comunidades indígenas rurales del México actual es frecuente que este sistema real de salud lo integren la medicina doméstica o casera, la medicina alopática y la medicina tradicional.[49] Un estudio nacional llevado a cabo en México documentó que de 140 plantas medicinales usadas por la población en 2,242 comunidades rurales, el 78% son empleadas para prevenir o curar enfermedades gastrointestinales, respiratorias y de la piel.[50]

El fortalecimiento de la medicina tradicional es una política del gobierno federal mexicano como respuesta a los pronunciamientos y demandas de los pueblos indígenas. Su reconocimiento en el Plan Nacional de Desarrollo propició su incorporación formal en el año 2001 al Programa Nacional de Salud y Nutrición para los Pueblos Indígenas.[51]

---

[48] Martínez M. Las Plantas Medicinales de México. 3a.ed., México, D.F., Botas, 1944. 630 pp.
[49] Carlos Zolla. La medicina tradicional indígena en el México actual. Arqueología mexicana 2005;13(74):62-65.
[50] Lozoya X, Aguilar A, Camacho JR. Encuesta sobre el uso actual de plantas en la Medicina Tradicional Mexicana. Rev Med Inst Mex Seguro Soc 1987;25:283-291.
[51] Almaguer González JA, Vargas Vite V, García Ramírez HJ, Ruiz Belman A. Fortalecimiento y desarrollo de la medicina tradicional mexicana y su relación intercultural con la medicina institucional. Dirección General de Planeación y Desarrollo en Salud. Dirección General Adjunta de Implantación en Sistemas de Salud. Dirección de Medicina Tradicional y Desarrollo Intercultural. SSA. 2002. 21 pp.

Cambios necesarios al Sistema de Salud en México

La realidad económica-social de países latinoamericanos como México, Bolivia, Perú, etc., condicionan que cada vez más gente acuda a recursos de medicina tradicional. Sobra decir que la medicina privada es inaccesible para las mayorías pobres. Pero para garantizar su conservación es necesario aumentar el conocimiento, hacer ciencia, pues pese al incremento en el interés de la medicina tradicional, tanto que aproximadamente la mitad de la población en países industrializados y casi el 80% en algunos países en vías de desarrollo la usa,[52] los artículos científicos publicados en *Medline* alcanzaron su meseta en 1986 que se ha mantenido así hasta ahora.[53]

En una época globalizada, resulta contrastante que Inglaterra esté en el camino de certificar a quienes practican la medicina tradicional[54] y México, con conocimiento milenario se deje expoliar en sus plantas y robar en sus conocimientos.[55] De no reaccionar a tiempo pronto estaremos pagando patentes de tratamientos robados a los indígenas mexicanos, nos impedirán cultivar hierbas autóctonas de nuestro territorio y lo que será más humillante es que los más grandes especialistas del mundo de medicina tradicional vendrán de fuera para "actualizarnos" en lo que siempre ha existido aquí, pero a lo que nunca se ha protegido.

---

[52] Bodeker G, Kronenberg F. A public health agenda for traditional, complementary, and alternative medicine.
Am J Public Health. 2002;92(10):1582-91.
[53] Barnes J, Abbot NC, Harkness EF, Ernst E. Articles on complementary medicine in the mainstream medical literature: an investigation of MEDLINE, 1966 through 1996. Arch Intern Med. 1999;159(15):1721-5.
[54] House of Lords Select Committee on Science and Technology. Sixth report: Complementary and Alternative Medicine, 21 November 2000.
[55] Aguilar R. Extranjeros saquean cactus; los venden en Asia y Europa. El universal. (México). enero 6 de 2008.

Cambios necesarios al Sistema de Salud en México

Los investigadores de cualquier país y empresa deben entender que el país de origen del conocimiento o producto tradicional evaluado tiene derecho sobre el mismo,[56] de hecho en el marco legal internacional la Organización Mundial de Comercio (OMC) comenzó un proceso para armonizar el TRIPS (*Trade Related Aspects of Intellectual Property Systems*) y las directrices derivadas de la Convención sobre Diversidad Biológica para asegurar los derechos indígenas de protección cultural e intelectual.[57]

Como medidas particulares, México debería reforzar todos los caminos para conseguir que en todas las comunidades sus habitantes accedan a una escolaridad óptima, de tal manera que surjan YA científicos de origen 100% indígenas, que dominen la lengua tradicional de sus poblaciones así como sus conocimientos heredados de generación en generación y hagan ciencia seria sobre los mismos.

---

[56] Bodeker G, Kronenberg F. A public health agenda for traditional, complementary, and alternative medicine.
Am J Public Health. 2002;92(10):1582-91.
[57] World Trade Organization. Trade Related Aspects of Intellectual Property Systems (TRIPS).

Cambios necesarios al Sistema de Salud en México

Cambios necesarios al Sistema de Salud en México

Legislación

Como sabemos y como muchos han experimentado en carne propia, uno de los grandes problemas de México es la aplicación de la ley, lo que ha inspirado por años una lucha importante de los mexicanos contra la arbitrariedad.[58] Derivado de esa lucha en nuestro país surgió el juicio de amparo a mediados del siglo XIX.

Está claro que la existencia de leyes no resuelven los problemas por sí solas, es necesario que la gente conozca de su existencia para que se apliquen. En México, desde el gobierno de Benito Juárez se estableció el DOF, a través del cual nos enteramos de las nuevas normas o de modificaciones a las ya existentes. La razón más importante para que se publique una ley es que sus destinatarios la conozcan para ejercer sus derechos.

El excesivo número de formalidades, la complejidad del sistema judicial, la falta de un amplio programa de apoyo a los ciudadanos y la ausencia de una cultura jurídica, hacen que el pleno acceso a la justicia sea una meta todavía a alcanzar, más aún en medios que la misma CNDH desconoce, como lo es la formación médica.[59]

Las modificaciones que suceden en el ámbito jurídico suelen ser necesarias, para que la ley sea cada vez más justa. En ninguna sociedad el

---

[58] Hernández MP. Derechos del personal de la salud. Cámara de Diputados, LVII Legislatura. UNAM. México. 2000.
[59] Cuando mandé una carta a la CNDH exponiendo la explotación horaria del servicio social a la que obliga la SSA, recibí una carta de la CNDH en la que me sugerían escribir a la propia SSA (Anexo 2).

Cambios necesarios al Sistema de Salud en México

derecho permanece estático, siempre se presentan nuevos problemas o nuevas soluciones, tal y como se ha planteado con las incongruencias y abusos que existen en el ámbito de la salud, que es necesario modificar para bien cuanto antes.

Para que los jóvenes médicos del futuro se vayan familiarizando con algunos de los puntos de la legislación en salud ponemos los siguientes párrafos.

La Ley de Profesiones determina en su artículo 24 lo que se entiende por ejercicio profesional:

"El ejercicio profesional es la realización habitual a título oneroso o gratuito de todo acto o la prestación de cualquier servicio propio de cada profesión, aunque sólo se trate de simple consulta la ostentación del carácter de profesionista, por medio de tarjetas, anuncios, placas, insignias o de cualquier modo".

Con fundamento en el propio artículo 5º de la Constitución federal, podemos decir que el personal de la salud tiene derecho a:
- Dedicarse al ejercicio de su profesión de manera libre, siempre y cuando sea lícita.
- No ser privado de la libertad del libre ejercicio de la profesión, salvo por determinación judicial, y cuando se ataquen los derechos de tercero, o por resolución gubernativa, dictada en los términos que marque la ley, cuando se ofendan los derechos de la sociedad.
- Si se trata del servicio social o de servicios profesionales de índole social, obtener la retribución en los términos de la ley y con las excepciones que ésta señale.
- No celebrar contrato, pacto o convenio que tenga por objeto el menoscabo, la pérdida o el irrevocable sacrificio de su libertad por cualquier causa.
- No celebrar convenio en que renuncie temporal o permanentemente a ejercer su profesión.

Cambios necesarios al Sistema de Salud en México

De los puntos previos llama la atención que se diga que en el caso del servicio social se diga que se debe obtener la retribución en los términos de la ley. Sabemos que la ley es hecha por los hombres y es modificable por lo que es una realidad que las becas que se otorgan a los pasantes son modificables. Es ilógico, e insisto en esto, que una persona viva con una cantidad de dinero que a todas luces es ofensiva.

Ahora bien, debe entenderse que para el pleno ejercicio de los derechos habrán de satisfacerse y/o cumplirse varias obligaciones y/o requisitos legales, los cuales son regulados, en lo general, en la Ley de Profesiones, y en lo específico, a los recursos humanos para la salud, en la Ley General de Salud.

Podemos clasificar las referidas obligaciones (y/o requisitos) previas a, y en ejercicio de la profesión.

A. Obligaciones previas.
Conforme a la Ley de Profesiones (artículo 25):
- Estar en pleno ejercicio de los derechos civiles.
- Poseer título legalmente expedido y debidamente registrado.
- Contar con cédula profesional
- Obtener de la Dirección General de Profesiones patente de ejercicio.

Estos puntos son sumamente importantes ya que durante el internado de pregrado en que los médicos se ven en la necesidad de atender a pacientes de todo tipo, desde partos de todos los días hasta enfermos muy graves se está entrando en una paradoja, los internos de pregrado realizan

Cambios necesarios al Sistema de Salud en México

acciones que competen a un médico ya titulado. En el servicio social la situación es la misma, no se trata de que durante ese año se juegue al doctor, ya se es doctor y se adquieren demasiadas responsabilidades. Esto debe modificarse legalmente, no es posible que la SSA obligue ejercer acciones de médico sin poseer el título respectivo, sin la cédula respectiva. Está claro que el servicio social en medicina no se parece con nada al de otras especialidades, si acaso un poco con los odontólogos que también son enviados a zonas rurales. La responsabilidad de una vida no es cuestión de juegos ni de paradojas.

Cuando se trata del ejercicio de una o varias especialidades:

- Haber obtenido título relativo a una profesión en los términos que la ley que se comenta determine

Respecto de los profesionales considerados:

- Contar con título profesional o certificado de especialización legalmente expedido y registrados por las autoridades educativas competentes.
B. Obligaciones en el ejercicio de la profesión:
Conforme con el artículo 5° constitucional se establece que el profesional debe:
- Contar con título para el ejercicio de la profesión.

De acuerdo con la Ley de Profesiones el profesional debe:

- Prestar su servicio social, remunerado, ya se trate de estudiantes, profesionistas no mayores de 60 años o impedidos por enfermedad grave.

De los dos puntos previos se nota nuevamente la paradoja de que desde el internado se hagan acciones que corresponderían a un especialista (y al respecto lo podrán constatar todos los que han sido internos en hospitales sin residentes) y que no se cuente con título profesional. Como la mayoría de las personas desconocen cómo se forma un médico, no hacen presión, pero está latente su exigencia masiva de ser atendidas (y con todo derecho) por personal médico titulado y no por estudiantes aún en formación. Ciertamente es algo prácticamente imposible que se vayan los alumnos ya titulados al internado de pregrado pero en su defecto se puede lograr como paso importante que para ir al servicio social ya se vaya titulado, pues ser el médico de una comunidad no es cuestión para pasantes sino para un médico con todas las de la ley.

En lo concerniente a las residencias médicas, en muchos hospitales no hay médicos adscritos en los turnos vespertino, nocturno y de fines de semana, por lo que el único que ve a los pacientes es el residente, siendo esta una situación irregular ya que los residentes deben estar bajo la tutela de un médico de base. Más aún, en algunas unidades médicas ni siquiera hay adscritos en las mañanas, y lo peor es cuando ni siquiera hay residentes y el manejo de los pacientes queda a cargo de los internos de pregrado.

Derechos y obligaciones laborales.
Conforme con el artículo 5° de la Constitución Política de los Estados Unidos Mexicanos, los derechos son los siguientes:
- Prestar su trabajo personal con la justa retribución y su pleno consentimiento, salvo en el caso de trabajo impuesto como pena por la autoridad judicial, el cual se ajustará a lo dispuesto en las fracciones I y II del artículo 123.
- No ser privado del producto de su trabajo, sino por resolución judicial.

Conforme con el artículo 123 constitucional se determinará que se tiene derecho a:
- Un trabajo digno y socialmente útil.

Cambios necesarios al Sistema de Salud en México

Apartado B.
- Gozar de jornadas diurnas y nocturnas que no excedan de ocho y siete horas, respectivamente.
- Cuando se trabaje más de las horas indicadas recibirán el pago por concepto de trabajo extraordinario, recibiendo la remuneración correspondiente en un 100% más de la remuneración fijada para el trabajo ordinario.
- El trabajo extraordinario, en ningún caso, podrá exceder de tres horas diarias, ni de tres veces consecutivas.
- Asociarse para la defensa de intereses comunes.
- Hacer uso del derecho de huelga, previo el cumplimiento de los requisitos que determine la ley, respecto de una o varias dependencias de los poderes públicos, cuando se violen de manera general y sistemática los derechos consagrados en su favor por imperativo del artículo 123 constitucional.

En los puntos anteriores se presenta un punto de alta controversia y es el relacionado con la jornada de trabajo. Se dice que no debe ser mayor a 8 h diurnas o siete nocturnas. Obviamente esto imposible en la medicina ya que en la noche tiene que haber alguien que cuide de los pacientes. Lo que sí es una verdad es que el sistema que se lleva en México no es el mejor, hay muchos países que tiene esquemas diferentes; hay modelos donde los residentes de plano no hacen guardias y sólo las hacen los adscritos, hay países donde el ritmo de trabajo es de 24 por 24, es decir trabajan 24 h continuas y posteriormente descansan 24 h.

Ya he comentado que en el servicio social es una injusticia que se obligue a un médico a atender a una comunidad las 24 h por seis días a la semana sin personal de apoyo y sin recursos, y además con alta inseguridad.

En el internado y en la residencia médica los tiempos de trabajo exceden con mucho a lo que está establecido para todos los mexicanos. Las

Cambios necesarios al Sistema de Salud en México

opciones son que se trabaje un máximo de 24 h continuas cuando se tenga guardia y que al cumplir este lapso los internos y los residentes puedan retirase a sus casas para volver a trabajar en horario normal al día siguiente. En pocas palabras se debe hacer un análisis de los esquemas de otros países para tomar el más justo para todos y no sólo para explotación de los médicos por parte de las instituciones y de la sociedad misma.

De acuerdo con la Ley de Profesiones los derechos ocupacionales a que son acreedores los recursos humanos para los servicios de salud son:
- En caso de ser asalariados, quedar sujetos al contrato signado, a los preceptos de la Ley Federal del Trabajo y al Estatuto de los Trabajadores al Servicio del Estado (artículo 37).

Derechos específicos del personal de la salud.
Conforme con la Ley General de Salud consideramos los siguientes derechos:
- Gozar de la formación necesaria para los recursos humanos, la cual atenderá a las normas y criterios que emitan las autoridades educativas, en coordinación con las autoridades sanitarias, con la participación de las instituciones de educación superior.
- Gozar de la capacitación y actualización que les provean las autoridades sanitarias, sin perjuicio de la competencia que sobre la materia corresponda a las autoridades educativas y en coordinación con ellas, así como con la participación de las instituciones educativas (artículo 80).
- Participar voluntariamente en actividades docentes.
- Cuando sea el caso participar en la investigación de seres humanos.

En estos puntos los que hemos sido parte del proceso formativo como médicos podemos mencionar que la mayoría de las unidades médicas el esfuerzo educativo y de aprendizaje depende de lo que hagan los mismos residentes. Desafortunadamente las instituciones educativas únicamente tienen contacto con los jóvenes médicos cuando les piden su pago de inscripción al internado, y cuando a quienes terminaron les entregan sus

Cambios necesarios al Sistema de Salud en México

cartas de haber concluido, lo mismo pasa para el servicio social y para la residencia médica. Es triste ver que no hay mentalidad académica y que predomine sólo lo numérico y lo político (cuántas consultas se dan para los reportes de informes de fin de año), no se aprecia si alguien ha escrito un artículo o si se gana algún premio de investigación, tampoco se supervisan las sedes para verificar que se cumpla con un mínimo de requisitos.

El personal de la salud cuenta con una serie de derechos y obligaciones que, en caso de ser transgredidos y/o incumplidos, conducen a juicios ante diversas autoridades competentes.

El órgano competente y especializado que conoce de los conflictos entre usuarios y prestadores de servicios médicos es la CONAMED.[60] En el caso del Estado de México, la Comisión de Arbitraje Médico se fundó mediante decreto del Poder Ejecutivo del Estado con fecha del 12 de febrero de 1998.[61] En ese año, el Estado de México contaba con 1,359 unidades del sector salud, dependientes del Instituto de Salud del Estado de México (ISEM) y se otorgaron seis millones 130 mil consultas anuales, y cerca de 57 mil profesionales de la medicina realizaban sus actividades. Esto significó diariamente una revisión de 30 pacientes por médico, con una gran carga de trabajo para los galenos en las dependencias del sector público.

Es lógico pensar que ante mayor carga de trabajo es más probable que haya errores, pues el médico es humano y no es un robot o un Dios

---

[60] Decreto de Creación de la Comisión Nacional de Arbitraje Médico. Órgano Oficial de la Federación, 3 de junio de 1996.
[61] Yañez Araiza N. Comisión de Arbitraje Médico. Presencia Mexiquense 1998;104: 4-6.

Cambios necesarios al Sistema de Salud en México

como para no equivocarse nunca, pero también es cierto que ningún médico está buscando hacerle daño al paciente.

¿Pero hay algo que se pueda hacer para mejorar las condiciones de trabajo-aprendizaje durante el internado de pregrado, el servicio social y la residencia médica? Se sabe que hay maneras de hacer presión cuando el diálogo está empantanado (y que no debería ser), tales como la huelga, el boicot, la manifestación pública, los mítines, las marchas y ahora megamarchas, etc. Al respecto resumo lo que pasó hace cuatro décadas.

El 7 de diciembre de 1959, el presidente López Mateos envió al Congreso de la Unión la iniciativa de ley que transformó la antigua Dirección de Pensiones Civiles en el ISSSTE. Dicha ley apareció publicada el 1 de enero de 1960 en el DOF.

Para el año de 1964, la SSA teóricamente tenía a su cargo 30,326,956 derechohabientes a quienes debía atender con la mísera cantidad de 9,140 médicos en todo el país. En ese mismo año había en la República Mexicana 16,600 estudiantes de medicina, repartidos en 20 instituciones (casi la mitad de los estudiantes estaban en la UNAM).

Los médicos que accedían a una especialidad no tenían derechos laborales, ya que sólo eran considerados como becarios. Su magnífica y excelsa beca consistía en comida, cuando el médico estuviese en el hospital; hospedaje, que en muchos hospitales no cubría los mínimos requisitos de sanidad; dos o tres mudas de ropa al año y una pequeña retribución monetaria (todo esto sigue igual con comida que deja mucho que desear, espacio reducido en las residencias médicas para alojar a tres o más residentes, ropa que se tardan en entregar, etc.).

Cambios necesarios al Sistema de Salud en México

El 26 de noviembre de 1964 se comunicó a 206 médicos (entre estudiantes y titulados) del Hospital "20 de Noviembre", del ISSSTE (actualmente denominado Centro Médico Nacional), que no recibirían los tres meses de sueldo que se les habían dado como aguinaldo en los últimos tres años.[62] Ante la negativa para el diálogo, los médicos decidieron suspender sus actividades normales, atender solamente los casos de emergencia y declararse en sesión permanente. Horas después de esta determinación se les notificó su cese.[63] Como respuesta, los residentes e internos de los hospitales Juárez, San Fernando, Colonia y del General se adhirieron a las peticiones de sus compañeros. Los médicos en sesión permanente formaron una organización alternativa: la Asociación Mexicana de Médicos Residentes e Internos, Asociación Civil (AMMRI, A.C.), independiente de las organizaciones sindicales donde laboraban. En su pliego petitorio demandaban mejorar el nivel económico, la seguridad en el empleo y la participación activa en los programas de enseñanza.

Como muestra de la actitud déspota que toman los supuestos dirigentes están las palabras del entonces subdirector del ISSSTE, el doctor Javier de la Riva: "...no se puede permitir que esos practicantes traten de producir desajustes ni desórdenes contrarios a los propósitos de esta institución de servicio público, solamente por sus ambiciones personales que son del todo ilegítimas y censurables".[64] Es lamentable ver cómo se trata de despreciar al grupo de médicos residentes llamándolos

---

[62] Revista Política, 15 de diciembre de 1964, p. 12.
[63] Excélsior, 6 de diciembre de 1964.
[64] Excélsior, 26 de noviembre de 1965.

"practicantes" siendo que ya contaban con el título de médicos generales y en la especialidad se ingresa a un programa de posgrado.

Otros médicos que criticaron el movimiento fueron Sergio Novelo (entonces presidente de la Federación Médica del DF.), Luis Landa y Bernardo Sepúlveda, este último quien incluso llegó a opinar "que la solución al problema de los salarios estaría en que trabajaran las esposas de los residentes e internos como elevadoristas".[65]

Para el 3 de diciembre de 1964 ya estaban en paro 23 hospitales de la ciudad de México y 20 hospitales del interior del país.[66] Poco más tarde, para el 6 de diciembre en un desplegado se hacía constar el apoyo al movimiento de 33 hospitales del D. F. y 12 hospitales de 10 diferentes estados de la República. El total de médicos en paro ascendía a 3,500 y además hacían público su apoyo 5 hospitales del IMSS y 6 hospitales particulares.[67]

Dentro de la penumbra de personalidades cegadas por el poder y arrodilladas al estado con tal de mantener sus sueldos y canongías, es loable ver la imagen del Dr. Ignacio Chávez quien se opuso al Ejecutivo y se negó a emplear su autoridad como rector de la UNAM para frenar a los médicos inconformes. Igualmente, el director general del ISSSTE, Rómulo Sánchez Mireles y el director del Hospital General, el doctor Enrique Arce Gómez mencionaron que, en general, las peticiones planteadas por los médicos residentes e internos eran justas.[68,69] Por otra parte, la Asociación Médica

---

[65] Excélsior, 11 de diciembre de 1964.
[66] Excélsior, 3 de diciembre de 1964.
[67] Excélsior, 6 de diciembre de 1964.
[68] Excélsior, 9 de diciembre de 1964.
[69] Excélsior, 14 de diciembre de 1964.

de la República Mexicana y la Federación de Colegios de la Profesión Médica también apoyaron al movimiento.

Los dirigentes del movimiento se entrevistaron con el Presidente al mismo tiempo que aguardaban en la Plaza de la Constitución frente a Palacio Nacional 3,000 profesionales de la medicina. Desafortunadamente la reunión no fue resolutiva y el movimiento se prolongó.

Terminó la primera huelga con la esperanza de soluciones a corto plazo que no se presentaron; por el contrario, existieron represalias en cuanto a despidos y no contrataciones. Las sociedades médicas que manifestaron su apoyo a los residentes e internos fueron la del Hospital "20 de Noviembre" y la del Hospital General. Incluso el doctor Ismael Cosío Villegas, siendo director del Sanatorio de Huipulco renunció junto con varios médicos antes que permitir vejaciones contra los médicos residentes e internos de su nosocomio.[70]

Otros médicos de base que se solidarizaron con los residentes e internos fueron los del Hospital de Traumatología, dependiente del DF; 800 médicos de la SSA; y los de los hospitales de Nutrición e Infantil de México. En total, 66 nosocomios.[71]

La demanda de los médicos de autonomía en la organización culminó el 19 de enero de 1965, día en que informaron a la prensa nacional que se había logrado la unificación de todos los médicos del país en la Alianza de Médicos Mexicanos (AMM), la cual quedó constituida por 22

---

[70] Excélsior, 15 de enero de 1965.
[71] Excélsior, 17 de enero de 1965.

Cambios necesarios al Sistema de Salud en México

sociedades médicas del DF. y 13 del interior de la República,[72] aprobándose sus estatutos el 24 de abril.[73]

El día 30 de enero de 1965, los médicos residentes e internos de 130 hospitales de toda la República regresaron a sus trabajos sin haber obtenido solución alguna para su pliego petitorio y después de diecisiete días de huelga. La tercera huelga se anunció para el 20 de abril de ese mismo año.

Como sucede con la mayoría de los movimientos, conforme progresa el tiempo se desgastan y se debilitan. Para la tercera huelga, Rómulo Sánchez Mireles ya no expresaba acuerdo con el movimiento, los hospitales de Cardiología, Nutrición y Huipulco no se solidarizaron con el paro, y hasta la prensa expresaba su preocupación de que se desintegraran las centrales burocráticas.[74] La Federación de Sindicatos de Trabajadores al Servicio del Estado propuso que se hicieran los arreglos pertinentes para que fuera reducida a límites mínimos la docencia en los hospitales del ISSSTE y el gobierno federal lanzó un ultimátum para cesar a los médicos que no se presentasen a trabajar el 17 de mayo. Vinieron ceses, amenazas y sectores de residentes e internos regresaron a sus labores. El 20 de mayo se anuncia levantar el paro y el 3 de junio se reiniciaron las actividades médicas.

El 5 de junio en la asamblea de la AMMRI se informó acerca de represalias que habían sufrido: aumentando el número de residentes por guardia y sacando todo el trabajo atrasado. El día 14 de agosto, todos los

---

[72] Excélsior, 19 de enero de 1965.
[73] Excélsior, 25 de abril de 1965.
[74] Novedades, 4 de mayo de 1965.

hospitales de la Cruz Verde y los infantiles del DF, excepto el de traumatología Rubén Leñero, suspendieron sus servicios médicos. Los residentes e internos del Hospital "20 de Noviembre" se solidarizaron y efectuaron también un paro de labores.[75] En esa ocasión la respuesta de la autoridad fue brutal y las fuerzas policiacas desalojaron el 26 de agosto a los médicos residentes e internos del Hospital "20 de Noviembre". Intervinieron en el desalojo 5 capitanes y 100 granaderos, así como medio centenar de agentes de la policía judicial del Distrito y de la Dirección Federal de Seguridad.[76] El cuerpo de granaderos también sacó a los residentes e internos paristas del Hospital Colonia y del Rubén Leñero.

El cuarto paro terminó el 5 de septiembre. En la asamblea informativa del 12 de septiembre se comunicó que más de 500 médicos residentes e internos habían sido cesados de sus puestos.[77] Tres dirigentes de la AMM contra quienes había órdenes de aprehensión, Norberto Treviño Zapata, José Castro Villagrana y Faustino Pérez Tinajero, salieron del país rumbo a Houston (EUA), Italia y La Habana (Cuba), respectivamente.[78]

En el año de 1964, los grupos de médicos residentes, internos y especialistas de base que trabajaban en instituciones de seguridad pública organizaron un movimiento nacional que desembocó en una huelga.[79] Los médicos lucharon en ese entonces contra una burocracia sindical articulada al partido del Estado.

---

[75] Excélsior, 15 de agosto de 1965.
[76] Excélsior, 27 de agosto de 1965.
[77] Excélsior, 13 de septiembre de 1965.
[78] Últimas Noticias, segunda edición, 5 de octubre de 1965.
[79] Pozas HR. La democracia en blanco: el movimiento médico en México. México. Siglo veintiuno editores S.A. de C.V. 1993.

Cambios necesarios al Sistema de Salud en México

Debemos entender que los médicos forman un grupo clave para el desarrollo del país ya que luchan por mantener o recuperar la salud de las personas, de los mexicanos; y su importancia es mayor en las instituciones no privadas, ya que en este país el número de los que tienen pocos recursos es mucho mayor al grupo de los que tienen para pagar cuentas millonarias en hospitales privados.

Un obstáculo para que los residentes no logren mejores en sus condiciones de trabajo-aprendizaje es que no existe cohesión. Si acaso se unen cuando se presenta un problema con las quincenas, pero para otra cosa es difícil que prosperen iniciativas de mejora. Lo fácil es pensar que se instaure un sindicato nacional de médicos residentes, ya que fungen como trabajadores con muchas exigencias (horarios muy superiores a la Ley Federal del Trabajo con la excusa de una mente obcecada de que son becarios), sin embargo, como todo en México, quizás sólo serviría para beneficio de la cúpula y no de la mayoría.

De acuerdo a la Primera Reunión Nacional De Comisiones Estatales de Arbitraje Médico,[80] convocada por la CONAMED, siguiendo las recomendaciones que a continuación se escriben, se puede mejorar la relación médico-paciente:

1. Mantener una relación respetuosa con el paciente y su familia: (Identificarse con el paciente y su familia, evitar malos tratos, no demorar injustificadamente la atención, no discriminar por ninguna

---

[80] Primera Reunión Nacional De Comisiones Estatales de Arbitraje Médico. CONAMED. 7(18):14-5.

razón al paciente, hablar con lenguaje entendible, ser tolerante, paciente y escuchar al enfermo y a su familia, mantener la confidencialidad, ser claro y no confundir al paciente en cuanto al pronóstico).

2. Informar y obtener consentimiento por escrito antes de realizar procedimientos con riesgo: (Ofrecer información clara, completa, veraz, oportuna y calificada, permitir la segunda opinión, no presionar al paciente a decidir cuando no haya una urgencia real, solicitar consentimiento informado –en sentido positivo o negativo–, antes de una intervención de riesgo, y/o consentimiento para la investigación).

3. Elaborar un expediente clínico completo: (Realizar el expediente clínico de acuerdo a la norma oficial mexicana –NOM–, proporcionar resumen del expediente al paciente cuando lo solicite, por ningún motivo alterar el expediente, conservarlo por un mínimo de 5 años, firmar todas las notas).

4. Actuar con bases científicas y apoyo clínico: (Actuar según el arte médico, los conocimientos científicos y los recursos a su alcance, evitar la medicina defensiva, ya que no es ético, evitar prácticas inspiradas en la charlatanería, no simular tratamientos, evitar prescribir medicamentos de composición no conocida, evitar consultas por teléfono, radio, cartas e internet).

5. Proceder sólo con facultad y conocimientos: (Sólo actuar cuando se tiene la capacidad reconocida para hacerlo –título o diploma–, recurrir a otro compañero cuando el caso esté fuera de su capacidad o competencia, no participar en prácticas delictivas como el

Cambios necesarios al Sistema de Salud en México

aborto, eutanasia activa, falsos certificados médicos, retener pacientes por falta de pago y otras razones, disponer de libertad de prescripción, no participar en prácticas con dicotomía, mantener una permanente actualización médica).

6. Garantizar seguridad en las instalaciones y equipo: (Conocer la capacidad instalada de la unidad de salud donde se pretende dar atención, probar el equipo que se podrá utilizar, referir a otra unidad al paciente cuando no se le garantice seguridad en las instalaciones, informar al paciente y a su familia sobre la capacidad instalada de la unidad de salud, preferir, cuando sea posible, hospitales certificados).

7. Atender a todo paciente en caso de urgencia calificada y nunca abandonarlo: (Atender toda urgencia calificada aunque no se demuestre derechohabiencia o se carezca de recursos económicos, no hacerlo es ilícito, asegurar que la atención del enfermo la continuará otro colega, en situación de huelga, catástrofe, epidemia o grave riesgo para el médico, no abandonar a su enfermo).

Escribo a continuación las bases legales con las que se rige en lo general y en lo particular el servicio social en el Estado de México, considerando que por su aporte *per cápita* al país, por ser la entidad más poblada, y por muchas cosas más podría ser propicio para mejorar la situación de los pasantes de medicina.

Cambios necesarios al Sistema de Salud en México

Bases Legales:
1. Constitución Política de los Estados Unidos Mexicanos.
2. Ley Reglamentaria del Artículo 5° Constitucional (relativo al ejercicio de las profesiones), en el D. F. (Cap. VII) artículos 52, 53, 55, y 59.
3. Ley General de Profesiones.
4. Ley General de Salud. Artículo 84, 85, 86. (Publicado 1° de julio 1984).
Título 2°. Cap. 170 párrafo 3°, 7°, 8°, 11°, 12°.
Título 3°. Cap 11. art. 48.
Título 4°. Cap. Art. 78. Párrafo 2°.
5. Reglamento de la Ley General de Profesiones.
6. Ley Estatal de Salud. (Publicado 31 de diciembre de 1986).
Título Quinto, Cap. II Art. 89 al 93.
7. Plan Nacional de Desarrollo.
8. Programa Nacional de Salud.
9. Reglamento General del Servicio social de la Universidad Autónoma del Estado de México (UAEM).
10. Reglamento Interno de la Facultad de Medicina.
11. Reglamento Interno de las Instituciones donde se realice el Servicio Social.
12. Los convenios entre las instituciones Educativas y de Salud.
13. Bases para las instrumentaciones del Servicio Social para las profesiones de Salud.
14. Recomendaciones que formula la Comisión Interinstitucional para la formación de Recursos Humanos para la Salud.

Ley General de Salud
Capítulo III
De la práctica del servicio social

35ª.- La práctica del servicio social tendrá una duración de doce meses continuos y se efectuará en los lugares que para este efecto tengan disponibles la Secretaría o las Instituciones de Servicio o las de Educación Superior.
36ª.- La práctica del servicio social podrá iniciarse cuando al pasante le haya sido otorgada la "Constancia de Asignación", la cual será expedida por la Secretaría, los Coordinadores y, en su caso por la Dirección.

Cambios necesarios al Sistema de Salud en México

37ª.- La "Constancia de Asignación" formaliza la relación jurídica civil entre la Secretaría, las Instituciones de Servicio, las de Educación Superior y los pasantes, cuando estos estén cumpliendo las prácticas del Servicio social en sus instalaciones: Las partes se obligan al cumplimiento recíproco de las disposiciones contenidos en la "Constancia de Asignación", en las presentes bases y en las que sean conforme al uso y la buena fe.

38ª.- Para obtener la "Constancia de Asignación", se requiere:
I.   Que el pasante este incluido en las relaciones de asignación de las instituciones de Educación superior correspondiente al ciclo.
II.   Entregar a los Coordinadores y, en su caso, a la Dirección los siguientes documentos.
a)   Solicitud para el servicio social en el formato que proporciona la Secretaría.
b)   Original de la carta de pasante, expedida por la Institución de Educación Superior respectiva debidamente requisitada.
c)   En caso de que el aspirante obtenga beca a tiempo exclusivo y reciba ingresos por otras actividades, deberá renunciar a las mismas para obtener la "Constancia de Asignación".

Notamos una injusticia e incongruencia con la realidad. ¿Por qué se estipula que se tiene que renunciar a "ingresos por otras actividades"? Indudablemente el inciso "c" debe eliminarse, otra cosa sería si como pasante dieran un pago justo, que alcanzara para transporte, alimentación, mantener a una familia (hay muchos pasantes con hijos que deben llevar a la escuela), etc. Es injusto que Ángel Gurría (ex Secretario de Hacienda en México) se haya pensionado con un pago ofensivo para las pensiones que reciben los maestros, o que los diputados se quieran premiar con grandes bonos por los "magníficos y casi heroicos servicios prestados a la nación", mientras los pasantes se ven obligados a hacer milagros con menos de mil pesos al mes.

Cambios necesarios al Sistema de Salud en México

42ª.- El horario se fijará de acuerdo a lo que estipule la "Constancia de Asignación", con base en lo siguiente:
I. El pasante de tiempo exclusivo con beca estará al servicio de la comunidad, seis días a la semana con un día de descanso.
II. El pasante de tiempo completo con beca realizará su servicio durante siete horas, seis días a la semana.
III. El pasante a medio tiempo con beca prestará su servicio cuatro horas diarias, en cinco días a la semana.

Otra situación injusta por la explotación en que se convierte el servicio. ¿Por qué se debe trabajar seis días y descansar uno? Cuando con las buenas acciones se pretende ser coercitivo, se convierten en una pesadilla y encuentran rechazo.

Debe realizarse una encuesta a todos los pasantes del país para detectar y escuchar los problemas e inconformidades. Está funcionando un sistema de servicio social que no va acorde con la época. Debe convocarse a una mesa redonda de discusión a nivel nacional para modificar para bien el internado y el servicio social, escuchar a mentes claras y propositivas.

El servicio social debería hacerse como en casi todas las demás carreras, durante el mismo período de asistencia a las aulas. Ya señalé en páginas previas que el pasante de medicina NO ESTÁ EJERCIENDO CON TÍTULO EN MANO.

44ª.- Los efectos de la "Constancia de Asignación", cesarán en los siguientes casos:
IV. Por acumular el pasante más de tres faltas de asistencia en un período de 30 días, sin permiso o causa justificada.
V. Por no permanecer en el lugar de su práctica hasta hacer entrega de los fondos, valores o bienes cuya administración o guarda estén a su cuidado.

Cambios necesarios al Sistema de Salud en México

VI. Por sentencia condenatoria en delitos del orden común.

49ª.- Son faltas de los Pasantes:

XII. Cobrar para beneficio personal a particulares o derechohabientes, por cualquier servicio que esté incluido en sus actividades dentro del horario señalado y en los establecimientos donde prestan sus servicios.

Este es otro punto muy delicado. Si por un lado se le dice al pasante en un pueblo lejano del Estado de México: "no puedes cobrar para tu beneficio", y la realidad es que recibe su gran beca de 750 pesos a la quincena y escucha una voz de su hijo que le dice: "mamá tengo hambre". ¿Qué es lo que va a pasar? Que tiene conseguir dinero para comer, para vivir. Las becas y las leyes son una burla para los pasantes, son una ofensa.

Con un ejemplo se puede entender mejor la situación. En el año 1999, los siguientes eran los precios por atención en algunos rubros en los centros de salud:[81]

Rubro	Tarifa en pesos mexicanos*
Consulta general	5
Consulta de urgencias	7.5
Observación de 2 a 12 h	11
Observación de 12 a 23 h	18
Día cama	28
Curaciones en general	11
Parto normal	90
Venoclisis	16
Inyecciones intramusculares	5

* 1 euro = 16 pesos mexicanos

---

[81] SSA. Instituto de Salud del Estado de México. Tabulador de Servicios Médico-Asistenciales. Atención de primer nivel. Centros de Salud Rural Dispersos, Concentrados y Urbanos. 1998.

Cambios necesarios al Sistema de Salud en México

Si ahora ponemos una tabla con los ingresos y egresos mensuales mínimos de un pasante, en una comunidad rural con la beca correspondiente de ese mismo año tenemos:

Ingresos		Egresos	
Concepto	Cantidad (pesos)	Concepto	Cantidad (pesos)
Beca	1500	Comida	1200*
		Transporte	360**
		Enseres para higiene personal	120
		Informe anual de actividades y proyecto de investigación	100
Total	1500		1780

*Considerando que para el desayuno, comida y cena se gasten 50 pesos al día, seis días a la semana, cuatro semanas.
** Considerando 90 pesos en transporte cada semana, por cuatro semanas.

Como vemos, con este esquema de gastos para un pasante, tenemos un déficit de 280 pesos. Se entiende que por simple lucha de supervivencia el pasante no siga lo estipulado en la legislación de que renuncie a otros ingresos, o que no cobre más por las consultas. Es irrisorio que un parto se cobre a 90 pesos, cuando muchas veces se atiende en la madrugada estando sólo el médico pasante, es una ofensa a la dignidad como médico, que se tenga que cobrar una consulta a 5 pesos cuando se hace un gran esfuerzo para estar, de acuerdo a las exigencias del servicio, seis días a la semana, las 24 h continuas.

Más complicado se le puso a los pasantes con el inicio del Programa de Educación, Salud y Alimentación (PROGRESA), pues a todos los integrantes de las familias inscritas se les exentó el cobro de cualquier

Cambios necesarios al Sistema de Salud en México

tipo de atención médica. Claro, como el pasante es una planta, que se alimenta a través de la fotosíntesis no tiene necesidad de comprar comida; como sólo es un mueble numerado, que pertenece al inventario de la SSA, no tiene esposa o hijos a quienes dar de comer, tampoco tiene papás a quienes ayudar con el gasto; además es un robot que nunca se enferma; por lo que no se ve en la necesidad de comprar medicinas; y como tiene la cualidad de que con sólo estirar la mano le cae dinero, no se tiene que preocupar por los gastos para la titulación (pago de tesis, etc.), para pagar el examen de selección a la residencia médica, etc.

Con la circunstancia de que no se cobre, la gente no valora el esfuerzo de los pasantes. Para obtener recursos y reemplazar a los pasantes por médicos generales titulados, además de evitar los desvíos y despilfarros económicos que hacen los gobiernos municipales, estatales y federal, es necesario, que todos los ciudadanos mexicanos a partir de los 18 años, al mismo tiempo que se les otorga su credencial del IFE obtengan de manera automática su Registro Federal de Causante (RFC), y así estén obligados a que en cualquier momento de buscar atención médica presentar su última declaración de impuestos.

Ley Estatal de Salud
Servicio Social de Pasantes y Profesiones

Artículo 90
Los aspectos docentes de la prestación del servicio social se regirán por lo que establezcan las Instituciones de Educación Superior y lo que determinen las Autoridades Educativas.

Cambios necesarios al Sistema de Salud en México

Al respecto ya he escrito que desafortunadamente muchas escuelas y facultades de medicina se olvidan de sus alumnos en cuanto se van al internado y al servicio, y ya no se preocupan por la preparación académica, dejándolos a su suerte. Es necesario que se preserve un ambiente académico con realización de exámenes para mantener la actualización de sus conocimientos y como preparación para el examen nacional de residencias médicas.

Reglamento de Escuelas y Facultades de la Universidad Autónoma del Estado de México.
Capítulo II
Del Servicio Social
Artículo 229
Los alumnos y pasantes de una profesión están obligados a realizar el servicio social antes de la presentación de la evaluación profesional en términos de este reglamento y demás disposiciones aplicables. La reglamentación interna de cada Facultad o Escuela señalará las modalidades específicas para la presentación del servicio social.

En este punto vemos que si el servicio social se iniciara durante los últimos años de la carrera, al terminar el internado los alumnos se podrían titular. Otra visión sería que los alumnos se pudieran titular al terminar el internado, de tal manera que de continuar las cosas como están, acudirían al servicio social con su título ya en trámite, esto igualmente facilitaría su vida ya que para aquellos que no deseen hacer el examen de residencias y busquen un trabajo, al contar con el título lo más pronto posible contarían con mayores oportunidades de empleo.

La Facultad de Medicina puede decidir la modalidad en que se realice el servicio social. Afortunadamente ya se ha considerado que

Cambios necesarios al Sistema de Salud en México

algunos alumnos laboren en la facultad de donde fueron egresados, o que hagan investigación, pero pueden darse más adelantos, como por ejemplo, que se inicie una maestría, etc.

Artículo 230
El servicio social no será menor de seis meses ni menor de seiscientas horas.

¿Se podría acortar el servicio social? Si éste fuera de seis meses, aún así, se superaría con mucho, el tiempo que se requiere en cualquier otra carrera para cumplir con las h de servicio. Si fuera por horas y con el horario de 24 h seis días a la semana, bastarían 25 días de servicio en una comunidad para cumplir con este requisito. Otra modalidad sería que el internado de pregrado fuera de seis meses y el servicio de otros seis meses, o bien, que se empezara haciendo una modificación en las escuelas y facultades de medicina cuyo plan sea de siete años para reducirlo a seis.

Artículo 232
El servicio social será remunerado. Sólo se prestará en forma gratuita, siempre que los alumnos o pasantes estén de acuerdo y se trate de actividades a favor de los estratos mayoritarios de la sociedad.

Ya comenté que debe mejorarse la remuneración, a la fecha como están las cosas no está acorde con la realidad de la vida de una persona.

Artículo 237
Los alumnos o pasantes que hayan prestado su servicio por un período no menor de dos años, como miembro del Personal Académico o Administrativo de la Universidad, podrán solicitar a la dependencia

Cambios necesarios al Sistema de Salud en México

competente de la Administración Central de la misma, se les libere de la prestación del servicio social.

Esta sería otra opción a considerar en la medicina, ya que así se haría un aprovechamiento de los recursos humanos que forma la propia institución.

Reglamento Interno de la Facultad de Medicina
Capítulo II
Del internado de pregrado y Servicio Social

Artículo 46
El Servicio social lo prestarán obligatoriamente los alumnos que hayan concluido el Internado de Pregrado y tendrá una duración de doce meses. Se prestará acorde a las políticas nacionales de salud, tomando en cuenta las prioridades sociales urbanas, suburbanas y rurales del Estado de México.
El Consejo de Gobierno determinará el número de pasantes que pueda realizar su Servicio social en áreas prioritarias de la medicina, previo acuerdo con la SSA.

Para que el servicio social se modifique plenamente, es necesario alcanzar un nivel de desarrollo social considerable, que tal vez no vean ni nuestros tataranietos. Por ejemplo, en Europa no hay pasantes de medicina que tengan que estar un año de sus vidas en una comunidad alejada; aquí mismo, en México, los que egresan de escuelas y facultades de medicina del DF realizan su servicio en otros estados, porque la ciudad de México está muy urbanizada.

Sé de antemano que el argumento de la SSA sería decir que es una obligación y que elegimos hacer el servicio de manera voluntaria, está claro

Cambios necesarios al Sistema de Salud en México

que lo hacemos porque nadie arriesgará su carrera metiéndose en problemas que deben cambiar los dirigentes.

Por otra parte no me queda claro que la CNDH vigile las condiciones de los presos, quienes muchas veces han cometido asesinatos, violaciones, y sin embargo desconozca la realidad de la formación de profesionistas que salvan vidas, y que son obligados a estar un año bajo condiciones que en cualquier país del primer mundo se considerarían abuso de autoridad y que violan derechos humanos.

Está claro que este sistema de servicio social ya resulta anacrónico para la realidad y para las aspiraciones del país de alcanzar algún día el desarrollo. Es necesario que la CNDH se documente de esta situación para emitir un juicio jurídico de altura y bien fundamentado, insisto, no voy en contra de que la gente más necesitada reciba atención, pero no se puede subsanar una necesidad con una injusticia que nadie se ha puesto a analizar desde que fue creado por el Dr. Gustavo Baz en el siglo pasado. Bastaría que cualquier dirigente de organismos de salud se diera a la tarea de averiguar cómo están los sistemas de salud en países del primer mundo Y EN NINGUNO EXISTE EL SERVICIO SOCIAL DE LLEVAR A ESTUDIANTES UN AÑO A UNA COMUNIDAD.

Si dice la SSA que es una obligación porque así está en la legislación, precisamente eso es lo que cuestiono, que exista una obligación a hacer algo que es injusto y debe suprimirse, debe más bien impulsarse por todo los medios el proyecto de una atención médica universal equitativa y que la atención de primer nivel la ejerzan médicos generales titulados, certificados y honestos para restituirles de paso el reconocimiento que

Cambios necesarios al Sistema de Salud en México

merecen, es decir, todos y cada uno de los mexicanos deberíamos contar con una tarjeta para un médico asignado o solicitado para alcanzar la cobertura universal, así es en Europa (no en EUA porque ahí los pobres no tienen atención médica).

No se trata de entrar en conflictos y luego recibir la represión del gobierno, sino en entablar una discusión democrática, científica y legal para alcanzar un trato digno para todos los mexicanos, incluyendo los médicos.

En el servicio social es una injusticia que se obligue a un médico a atender a una comunidad las 24 h por seis días a la semana sin personal de apoyo y sin recursos, y además con alta inseguridad. Cualquier abogado, y hasta estudiante de bachillerato sabe que NO PUEDE HABER NINGÚN REGLAMENTO NI LEY POR ENCIMA DE LA CONSTITUCIÓN, la cual es clara en cuanto al tiempo laboral, y la SSA con el argumento de ser servicio social, ha llevado a los estudiantes de medicina a comunidades con leyes de explotación.

Es labor de abogados analizar y verificar todas las injusticias que han sostenido al servicio social, con el punto previo es más que suficiente ver esa obligación de estar siete días a la semana en un centro de salud, es decir, se obliga, como ya escribía en líneas previas a horarios de 24 h continuas siete días a la semana, y todo esto pretextando que se es pasante de medicina, y me pregunto si a los abogados se les pudiera decir que estarán al final de su carrera un año en una comunidad litigando sin título, firmando, y eso 24 h continuas siete días a la semana, por uno de descanso, al fin y al cabo son pasantes, y que además si tienen otro ingreso renuncien a él para tener su carta de asignación.

Cambios necesarios al Sistema de Salud en México

El servicio social que hacen los estudiantes de medicina es injusto y además anacrónico, se creó en una época diferente, postrevolucionaria inmediata, con mínimos médicos en provincia; ahora ya estamos en el siglo XXI, en un país que se dice democrático, con libertad de expresión y donde dice nuestro presidente que no pasa nada al expresar nuestras ideas, pues bien, una vez que me he documentado ampliamente sé que el servicio social se debe hacer como en todas las demás carreras, durante los años de escuela, me refiero a lo explicado en el segundo capítulo de este texto, según la Facultad un estudiante acude cuatro o cinco años a clases de aula, en el quinto o sexto año, de acuerdo al programa se cursa el internado de pregrado, que es un año completo en rotaciones hospitalarias, y para el sexto o séptimo año es cuando se cursa un año completo en una comunidad como servicio social. Se ha perpetuado una injusticia, el servicio social en medicina debe ser durante los últimos años del período que se está aún en las aulas, es decir, acudir a un hospital o clínica o laboratorio o universidad a prestar servicio, y a su vez, como ya escribí líneas arriba, las acciones del servicio social deben ser tomadas por con médicos generales ya titulados (no pasantes), quienes además deben ser los encargados de llevar a cabo el programa Oportunidades (Antes PROGRESA y antes SOLIDARIDAD), y darles el reconocimiento que merecen por el papel que juegan en la sociedad.

Como esfuerzo personal, después de haber enviado una carta exponiendo el tema del abuso horario en el servicio social ante la H. Cámara de Senadores, conseguí una respuesta en el año 2006, en la que

Cambios necesarios al Sistema de Salud en México

hacían constar que instaban al entonces Secretario de Educación Pública para que atendiera el asunto (Anexo 3).

Finalmente, me he centrado de manera específica en lo que considero una urgente modificación en México, el servicio social. No obstante, los asuntos a tratar relacionados con el derecho son demasiado extensos, tanto que se salen del objetivo de esta obra de divulgación general. En España todo lo relacionado con la salud y legislación está plasmado en el "Derecho sanitario", definido como "el conjunto de acciones preventivas que lleva a cabo el Estado para normar y controlar las condiciones sanitarias del hábitat humano, los establecimientos, las actividades, los productos, los equipos, los vehículos y las personas que puedan representar riesgo o daño a la salud de la población en general, así como fomentar paralelamente el cuidado de la salud a través de prácticas de repercusión personal y colectiva (Sistema Nacional de Regulación, Control y Fomento Sanitarios).[82]

Como escribe el Dr. César Martínez Ayón: "Es necesario que las organizaciones médicas sigan promoviendo las actividades académicas, pero deben pugnar por lograr un marco legal más justo y equitativo, evitando así que muchos médicos sean dañados en su vida profesional y personal. Habrá que difundir el concepto de que el cuidado de la salud es responsabilidad de todos y no sólo del médico".[83]

---

[82] Cote Estrada L, García Torres PO. Problemas médico legales. En: Tratado de cirugía general. México. Manual Moderno.
[83] Martínez Ayón C. Responsabilidad legal en el ejercicio de la medicina. En: Responsabilidad profesional en salud. México. Comisión de Arbitraje Médico del Estado de Jalisco, Asociación Médica de Jalisco, Universidad de Guadalajara, Hospital Civil de Guadalajara. 2002.

Cambios necesarios al Sistema de Salud en México

Sobra decir también, que actualmente los temas de mayor debate en el mundo son el uso de células madre embrionarias, la clonación humana y la eutanasia.

Cambios necesarios al Sistema de Salud en México

Cambios necesarios al Sistema de Salud en México

Aseguradoras

En muchos países existe la posibilidad de contratar un seguro médico privado. Está claro, que esta opción presenta beneficios en algunas circunstancias, como en México, donde el Estado no es capaz de ofertar un sistema nacional de salud eficiente; pero el hecho de estar pagando la mensualidad de una aseguradora no garantiza un servicio médico suficiente pues pocas redes de aseguradoras cuentan con personal médico en todas las especialidades en varias ciudades.

Muchas veces las aseguradoras no cubren los honorarios médicos debido a diferentes circunstancias, por ejemplo, que se declaren en quiebra tal y como sucedió con Seguros del Sanatorio Durango, S.A. de C.V,[84] dejando sin pagar a gran número de médicos y hospitales, en otras ocasiones surgen problemas cuando el mismo gobierno desaparece instituciones como sucedió con el Gobierno Federal al extinguir a Luz y Fuerza del Centro (LyFC), dejando sin cobertura médica a las familias de los trabajadores quienes contaban con la aseguradora SaludCoop Mexico S.A. de C.V.

Los problemas consisten además en los pagos de miseria a los médicos, (por ejemplo, Seguros Banorte paga 168 pesos por consulta de especialista), situación que no se presenta en otros países, donde el gremio médico determina los pagos mínimos justos por sus servicios.

En la práctica diaria los médicos que trabajen para aseguradoras se encontrarán con el dilema de que necesitan pedir estudios para abordaje

---

[84] http://dof.gob.mx/PDF/281009-MAT.pdf

integral de algún paciente pero quizás haya presiones por parte del coordinador médico de determinado seguro para reducir los gastos al mínimo. La recomendación a los galenos que piensan trabajar con alguna aseguradora es que primero averigüen la antigüedad de la misma, dónde está su matriz y posteriormente saber si su coordinador médico presenta las credenciales de: honestidad, eficiencia, capacidad de resolución y trato digno, además debe saber los hospitales donde cubre sus atenciones y si su red tiene médicos de todas las especialidades, de lo contrario, al aceptar algún paciente de alguna aseguradora que no cuente con la cobertura financiera y humana suficiente asumirá una responsabilidad médica con riesgo de no poder hacer un abordaje médico adecuado. Los Colegios Médicos de todas las especialidades deberían fijar los pagos mínimos para los médicos. Esto último se puede lograr debido a que las aseguradoras están obligadas a ofrecer a sus asegurados, médicos certificados o recertificados y es aquí donde los Consejos de cada especialidad pueden establecer que no se otorgará la certificación o recertificación en caso de acceder a dar consultas para las aseguradoras con pagos inferiores a lo que establezcan los Consejos, siguiendo la premisa de que debe ser un pago digno.

No se trata de estar contra las aseguradoras, se trata de que el Estado Mexicano debe garantizar el acceso a servicios de salud de todos sus habitantes para que el hecho de contratar una aseguradora sea una opción pero no por abandono del gobierno. También es importante que se establezca el Estado de Derecho para que las aseguradoras cumplan con sus pagos de manera oportuna con lapsos de retraso no mayores a dos meses a los profesionistas que brindan sus servicios o de lo contrario se les debería revocar la licencia para seguir operando, pues constituyen un riesgo de estafa.

Cambios necesarios al Sistema de Salud en México

Cambios necesarios al Sistema de Salud en México
Ideas básicas para modernizar la medicina en México

1. Potenciar el uso de internet

El siglo XX irrumpió con descubrimientos espectaculares en el área de la física: los rayos X, la radiactividad, las partículas subatómicas, las teorías de la relatividad y de la cuántica. El tema central era la materia y la energía. Prácticamente todas las disciplinas se vieron influenciadas por esta derrama de conocimientos: la química, la astronomía, la geología, la biología, la medicina, y la tecnología.[85]

Las innovaciones tecnológicas han revolucionado la práctica médica, permitiendo tener acceso a gran cantidad de información científica de manera casi inmediata. El uso de ésta tecnología permite mejorar la toma de decisiones en beneficio del paciente.[86]

Incluimos como tecnología en medicina los artefactos auxiliares del diagnóstico y del tratamiento, así como al conjunto de conocimientos que llevan a su adecuada utilización y los procedimientos o sistemas que permiten realizar adecuadamente una acción médica.[87]

La tecnología es una necesidad instrumental y un indicador de desarrollo; su adecuación al entono y su aplicación, para alcanzar los máximos beneficios posibles, es la misión de una sociedad tan plural y con tantas necesidades como la mexicana.

---

[85] García Procel E. Visión histórica-serial de ciencia y sociedad. Gac Med Mex 1991; 126 (3):201-205.
[86] Jaspers K. La práctica médica en la era tecnológica. ED. Gediso. Barcelona 1988. 158 pp.
[87] Díaz del Castillo E. Utilización de la tecnología moderna en la atención médica. Alcances y limitaciones económicas. Rev Med Inst Mex Seguro Soc 1988; 26:151-159.

Cambios necesarios al Sistema de Salud en México

La administración moderna emplea cada vez más el término "gerencia" para designar un nivel alto en la teoría y práctica administrativa.[88] La gerencia debe encargarse de que se den las condiciones necesarias para obtener un producto o servicio de calidad. En el caso de la medicina, estas condiciones abarcan desde la preparación en pregrado de los médicos, hasta los recursos materiales disponibles para el ejercicio de esta profesión, en un medio que brinde satisfacción y oportunidades de desarrollo.

La actualización y la evolución son parámetros constantes en la medicina. El médico y las instituciones requieren una administración eficiente y con un nivel técnico alto. Actualmente, la solución a los problemas de salud, está relacionada con las condiciones económicas y sociales, con las perspectivas nacionales en el contexto internacional y las capacidades individuales y de grupo.

Durante el año de servicio social, se brinda el servicio médico en una comunidad rural, pero con dificultades en el descuido académico. La misma lejanía durante la pasantía médica ocasiona que no se tenga información de eventos y actividades importantes con lo que se pierden oportunidades para asistencia a cursos u oportunidades para obtener becas.

En los centros de salud no existen libros de texto ni mucho menos revistas donde poder consultar temas actuales de la medicina. Desafortunadamente, en muchas comunidades tan abandonadas y con

---

[88] Losfstedt L. Introduction to QA. Training Programme. Biomedical Engineering. Malm, Swede Health South AB. 1990.

Cambios necesarios al Sistema de Salud en México

tantos rezagos, no se cuenta con bibliotecas para estudiar y tratar de apoyarse para mejorar el nivel de conocimientos.

La falta de medios de comunicación es evidente al no contar en muchos lugares con teléfono, y varias otras poblaciones donde este servicio sí lo hay, no se ha instalado en los centros de salud, con lo que se dificulta el accionar del personal de salud, simplemente, por ejemplo, para solicitar una ambulancia cuando se requiere realizar un traslado de emergencia a segundo o tercer nivel.

Durante décadas se interpretó la calidad médica como la productividad numérica, el resultado fue un deterioro claro por la búsqueda de esa supuesta eficiencia.[89] Actualmente se confirma que la calidad reside en la satisfacción del usuario y del proveedor, que en el caso de la salud se refiere al paciente y al médico.

Como menciona el Dr. Manuel Ruiz de Chávez: "Si no queremos vernos envueltos en un proceso altamente entrópico, que nos arrastre a su propia problemática, tenemos que actuar con decisión ... El enfoque global de la salud exige integrar nuevas herramientas que ayuden a orientar el esfuerzo, optimicen la participación de las personas y el aprovechamiento de sus capacidades, abatan la cantidad de recursos utilizados, en beneficio de la salud de la población".[90]

De acuerdo al Modelo Moderno de Atención a la Salud, se persigue incrementar el nivel de salud de la población, disminuir los riesgos a los

---

[89] Ruelas Barajas E. Sobre la garantía de la calidad: conceptos, acciones y reflexiones. Gac Med Mex 1994; 130(4):218-226.
[90] Ruiz de Chávez M. Una Reflexión sobre el renovador quehacer de la medicina. Gac Med Mex 1995; 131(2):129-132.

Cambios necesarios al Sistema de Salud en México

que se ve sometida y prevenir los daños; igualmente se busca otorgar atención médica integral, formar, capacitar y desarrollar al personal para la atención de la salud, y realizar investigación científica.

El desarrollo tan avanzado de la tecnología, y el modo de vida actual, pueden hacer que el objetivo de la medicina se desvirtúe, por lo que siempre será necesario recalcar que primero está su misión social sobre todo lo demás.

La medicina se ha encarecido, dificultando que la gente más humilde reciba los beneficios de los recursos tecnológicos, esto aunado a la escasez de inversión científica, determina la necesidad de hacer más eficiente el servicio médico.

El manejo del internet, de manera planeada y dirigida, ofrece una herramienta en potencia para agilizar el servicio de salud en México, en todos sus niveles, por lo que es necesario estudiar y apoyar las aplicaciones de este recurso en beneficio de la gente.

Para aceptar cambios y mejorar, es necesario mantener una mente clara y receptiva, una visión a futuro, no horizontal. Los cambios pueden ser progresivos para analizar y acostumbrarse a los mismos, pero es una verdad inobjetable que no podemos rechazar la aplicación de nuevos recursos para continuar en el camino que aspiramos todos de alcanzar un mejor nivel de vida, el camino al primer mundo, que debe empezar por nuestras actitudes y nuestra disposición a superarnos y aceptar los cambios.

El ejercicio de la medicina se sustenta en el conocimiento científico; subutilizado hasta ahora por los estudiantes de pregrado, de internado, de servicio social y de posgrado. Los avances científicos de la medicina sobrepasan su capacidad de utilización práctica, pero no debe negarse el derecho a tener acceso a esa información de vanguardia que hace la diferencia entre ser pionero en la formación de nuevas ideas, aportando nuevas observaciones y soluciones o ser un mero espectador.

Los médicos de atención primaria no desarrollan todas sus capacidades profesionales porque en todos los centros de trabajo se le da prioridad a los procedimientos administrativos, y el médico se burocratiza, con pérdida progresiva de su curiosidad por el conocimiento médico de vanguardia, se entra en una rutina monótona con el resultado de alcances limitados para su persona y la comunidad donde labora, perdiendo en esa monotonía la iniciativa por la academia y el quehacer científico, con menos tiempo aún para la docencia y las aportaciones propias para su trabajo.[91]

Es necesario reducir las actividades administrativas que desempeña el médico para reposicionar el tiempo dedicado a la atención directa del paciente. Ahora, en esta época donde se ha puesto en marcha la campaña nacional hacia la calidad de la atención médica, se le debe proporcionar al médico los instrumentos necesarios para ofrecer una real calidad en su atención.

En el proceso de atención a la salud, el enfermo acude con el médico en busca de la restitución de su salud. En el momento que asiste a la revisión médica se inicia una dinámica de análisis para encontrar una solución. Esa dinámica está basada en la investigación para determinar el diagnóstico y posteriormente ofrecer un tratamiento, que sea el más

---

[91] Gómez Mendoza I. Desarrollo profesional del médico familiar. Un punto de vista. Rev Med Inst Mex Seguro Soc 1994; 32(1):45-46.

adecuado. Durante la investigación de la enfermedad, es necesario leer y es aquí donde reside la importancia de contar con un recurso altamente efectivo.

El internet, de alguna manera democratiza la información, al hacer que donde se cuenta con este medio, se tiene al alcance la misma información para todos, ya sea de los centros de investigación más avanzados del mundo así como de las instituciones médicas de nuestro país.

El cambio de mentalidad es básico para mejorar la calidad de la atención médica, para mejorar la salud de todos los mexicanos. De entrada, el cambio de mentalidad institucional, donde se reduzca la carga de trabajo que ha venido desempeñando el médico, excesiva en lo físico y limitante para su intelecto. Debería acompañarse junto con la proporción de más recursos y máxima explotación de los mismos, como sería el internet.

Está claro que los conocimientos funcionan por un tiempo determinado y dependen mucho de la utilidad diaria que se les dé, así como del proceso de reforzamiento de los mismos. En este inicio del siglo XXI, los cambios científicos y tecnológicos, aunados a los cambios en las comunicaciones (internet), hacen necesario que las instituciones se mantengan actualizadas y creen las condiciones necesarias para que el personal de salud no se desfase de la realidad.

Las instituciones de salud tienen el papel vital de mantener en las mejores condiciones posibles a la población, en su equilibrio físico-mental y social; contribuyendo a mejorar el nivel de vida y promoviendo la investigación científica y tecnológica de alto nivel como pilares del desarrollo individual y colectivo.

Cambios necesarios al Sistema de Salud en México

La implementación de la tecnología de vanguardia, su aprovechamiento en nuestro medio, puede contribuir a disminuir el rezago científico y tecnológico, puede subsanar deficiencias y promover el ejercicio cotidiano de actividades académicas, científicas y asistenciales, siempre y cuando se mantenga una actitud receptiva a la adquisición de nuevos conocimientos y alternativas de desarrollo.[92]

En una época donde es de vital importancia el ahorro de tiempo, la calidad se ve involucrada con el concepto de dinamismo, donde dinamismo significa agilizar la información y en este caso estamos hablando de la aplicación inmediata del internet en la medicina, como medio de actualización y de comunicación.

Como dice Guillermo Ruiz Reyes: "Reducir el rezago tecnológico implica, además, la adopción de actitudes menos comerciales, menos pragmáticas, pero orientadas a proporcionar atención médica eficiente y de buena calidad".[93]

La ingeniería clínica o ingeniería biomédica hospitalaria, es el empleo de los conocimientos científicos, tecnológicos y administrativos, para su aplicación en los servicios de atención de la salud.[94] Actualmente no se puede concebir al medio médico sin el apoyo científico-tecnológico de vanguardia, y en esto, está incluido como herramienta imprescindible el internet.

---

[92] Ruiz Reyes G. El rezago tecnológico en medicina. Alternativas. En Laboratorio. Gac Med Mex 1991; 127 (6):484-486.
[93] Idem.
[94] Prieto Hernández Fernando, Rosete Uribe JR. Ingeniería clínica. Fundamentos para la implementación de la tecnología en los hospitales. Gac Med Mex 1995; 131(1):83-90.

Cambios necesarios al Sistema de Salud en México

El internet constituye la herramienta básica para la comunicación actual en todo el mundo. La medicina, en especial en México, no puede quedarse rezagada en el uso y explotación de este medio de comunicación virtual, máxime que al no aprovecharlo, o bien, subaprovecharlo, habrá limitantes para la práctica médica en todos los conceptos: humanístico, científico, académico, de educación médica continua, asistencial, etc.; algunos de los cuales ya se han especificado previamente.

El uso del internet puede ser un plan para mejorar la práctica médica. Como establecen el Dr. Aquiles Cruz Hernández, el Ing. Pedro Vera Cervera y el Quím. Héctor Delgado Andrade: "El internet abate entre otras cosas, el costo y mejora la velocidad de envío de mensajes, la disponibilidad del receptor del mensaje, la legibilidad de documentos enviados, la actualización diaria, el acceso rápido a la información las 24 h, la consulta a bases de datos y bibliotecas gigantescas, etc.".[95]

En México, las opciones de la aplicación dirigida del internet en la medicina son muy amplias y benéficas. Desde la creación de una página web para los pasantes, de tal manera que puedan recibir asesoría para cualquier asunto que requieran investigar, hasta llegar a la comunicación entre médicos de distintos medios, enviar información de un paciente para someterlo a consulta de expertos, o bien, envío de solicitud de referencia de un paciente a otro nivel, si su enfermedad lo amerita.

El contar con internet significa: correo electrónico y comunicación con todo el mundo, contactar páginas web de Instituciones y Sociedades

---

[95] Cruz Hernández A, Vera Cervera P, Delgado Andrade H. Manual Práctico. Internet para Médicos. México. Educación Médica Continua S.A de C.V. 1998. 48 pp.

Médicas, bancos de datos como medline, artemisa, ovid, mdconsult, empresas editoriales y farmacéuticas, educación médica continua y todos los programas existentes para tal propósito, interacción con colegas a nivel local, nacional e internacional, participación en foros con la posibilidad de búsqueda de información de congresos de interés particular con la capacidad de inscribirse a los mismos, y de participar en eventos médicos *on line*, búsqueda rápida de cualquier tipo de información por yahoo, hotmail, excite, americaonline, etc., opiniones médicas especializadas, consultas por internet, telemedicina, información de nuevos fármacos, compra de libros, equipos y servicios, así como la posibilidad de referencia de un paciente de primer nivel a segundo o de segundo a tercer nivel.

Se debe revalorar la importancia de los pasantes de medicina, y de los médicos generales que representan el engrane a partir del cual se distribuye la atención de la salud de alta especialidad, refiriendo y contra-refiriendo, constituyéndose como un puente entre los sistemas de salud y de educación pública.[96]

Cuando se habla de ofrecer un medio favorable para el desarrollo del profesional de la medicina, se debe considerar el contar con recursos tecnológicos útiles y prácticos, que permitan la superación individual y colectiva por lo que el manejo integral del internet en todos los niveles del sistema de salud, constituye un camino factible de realizar.

Como todo desarrollo, esto debe estar dirigido, para lo cual, se debe integrar un pequeño manual a todos los médicos, acerca de los usos más

---

[96] Wolpert E. El médico general en el Sistema Nacional de Salud. Gac Med Mex 1998;134(1):63-65.

importantes de ésta herramienta para su laborar cotidiano y su repercusión en la calidad de su servicio.

El contenido reside también, en la concientización de la comunidad para que acudan por este medio a buscar información acerca de sus problemas de salud para conformar un equipo con los médicos y luchar en conjunto para solucionarlos de manera integral.

El propósito es brindar soluciones a todos los problemas planteados, brindar un recurso de vanguardia para la práctica médica.

Los objetivos que se pueden obtener son:

A) Academia.- Recuperar el deseo de la transmisión y aprovechamiento del conocimiento, perfeccionando a los individuos y potenciando sus cualidades.

B) Educación médica continua.- Permitir y favorecer que los médicos pasantes sigan aprendiendo aún después de haber concluido sus estudios formales de nivel licenciatura, reasignándoles su denominador común de profesionistas de la salud.

C) Ciencia.- Aprovechar el rico bagaje de condiciones sociales que permiten el estudio de los problemas de salud de las comunidades a donde se brinda el servicio de atención primaria para desarrollar trabajos de investigación de calidad con el apoyo de la ciencia y tecnología.

D) Asistencia.- Facilitar un medio de comunicación rápida para agilizar los reportes semanales y mensuales, así como el anual, de las actividades desempeñadas.

Para el caso del beneficiario, que sería el paciente y la comunidad, incluimos un concepto que es Educación para la Salud, entendido como el

Cambios necesarios al Sistema de Salud en México

conjunto de acciones dirigidas a que los individuos y sus familias desarrollen sus conocimientos, habilidades, destrezas y actitudes para cuidar de su salud, disminuyendo los riesgos de deterioro y previniendo los daños a la salud, solicitando oportunamente atención médica y participando activa y positivamente en las indicaciones médicas para mantener la mejor calidad de vida posible.[97]

La manera en la que el Internet se constituye en la solución a los problemas planteados y su repercusión es la siguiente:

A) Academia.- Formación de la más alta calidad del profesional de salud en un año que por inercia se ha ido despreciando y descuidando.

B) Educación médica continua.- El participar de manera directa en cursos on-line, poder inscribirse a congresos por correo electrónico, mandar artículos a revistas especializadas; permiten, entre otras cosas, aprendizajes significativos en el personal de salud. Estos aprendizajes constituyen armas para mejorar su nivel de preparación.

C) Ciencia.- Formación científica del personal de salud. Se analiza y trata de solucionar un problema observable, contando con el respaldo de un instrumento tecnológico como el internet, y basándose en la premisa de que, a través de la sistematización, se eleva el nivel académico, teniendo la ventaja de estudiar cualquier tema aplicable a la comunidad las 24 h del día con el material más actualizado y a un mínimo costo.[98]

---

[97] Lifshitz Guinzberg Alberto. El Modelo Moderno de Atención a la Salud y el proceso educativo. Rev Med Inst Mex Seguro Soc 1994; 32(1):97-99.
[98] Santamaría Galván S. Implicaciones de la formación docente en la capacitación y desarrollo del personal para la salud. Rev Med Inst Mex Seguro Soc 1994; 32(1):91-94.

Cambios necesarios al Sistema de Salud en México

El manejo del internet en beneficio de la ciencia durante el año de servicio social, puede hacer que el pasante desarrolle su capacidad para elaborar un artículo médico publicable, y con esto, contribuir a su formación curricular y al desarrollo científico de la comunidad médica mexicana.

D) Asistencia.- Al mejorar los conocimientos de los médicos, se favorece la mejoría en la atención que se brinda, provocando que se busque el máximo beneficio para los pacientes.

Las aplicaciones más inmediatas del internet médico son entre otras:

Comunicación electrónica, participación en debates y foros de discusión, consulta a revistas a través de internet, publicación de trabajos, búsqueda bibliográfica, estudios multicéntricos, consulta de casos clínicos, consulta a bases de datos o imágenes, sesiones clínicas a distancia, programas expertos y simuladores, consultas a distancia, etc.

El avance tecnológico en el procesamiento de la información ha dado como resultado, el registro sistematizado de publicaciones en distintos bancos de información para facilitar su consulta.

Humanamente es prácticamente imposible leer lo que se tendría que leer para mantenerse al tanto de los avances científicos y tecnológicos, pero sí es posible ser más selectivo y aprovechar el internet para estudiar los temas más importantes en cada área del conocimiento.[99]

---

[99] Juárez Díaz González N. Implicaciones de la formación docente en la investigación documental en salud. Rev Med Inst Mex Seguro Soc 1994; 32(1):95-96.

Cambios necesarios al Sistema de Salud en México

En el aspecto referido de Educación para la Salud, que reside en el propio beneficiario, se busca aprovechar la fuente de información del internet para que los mismos pacientes busquen más datos de sus enfermedades en caso de padecerlas y de los grupos de apoyo e instituciones que se encargan de brindar esta documentación de manera profesional y periódica.

Es en este marco, donde se puede sacar provecho de los grupos de apoyo para diabéticos, de las revistas acerca de diabetes, de los grupos de apoyo para alcoholismo, de artículos para mejorar la dieta, información de múltiples temas de salud, que de hecho están contempladas en los programas de acción de la Secretaría de Salud, como prevención de adicciones, planificación familiar, control de enfermedades respiratorias e intestinales, etc.

El propósito de la Educación para la Salud es, que esta manera de ver la vida se incorpore de manera progresiva en todos los mexicanos por todos los beneficios que acarrea, que forme parte de sus costumbres, sus rutinas y su cultura.

La Educación para la Salud ha sido considerada como una estrategia de prevención primaria. Podemos darle fuerza actualizándola y aprovechando las nuevas herramientas de comunicación como internet. Por ejemplo, constituyendo los grupos de diabéticos, de embarazadas, de hipertensos; por citar sólo algunos ejemplos, y no solamente ofrecerles pláticas de orientación sino un capacitación real, de modo que ellos puedan obtener información a través de éste sistema electrónico, incluso proporcionándoles las páginas o correos más adecuados para su interés. Es

Cambios necesarios al Sistema de Salud en México

una manera de trabajar en equipo, donde el paciente se preocupa por su salud y trata de estar más informado para combatir mejor los factores que pueden alterar su estado de bienestar.

La buena aplicación del internet puede reposicionar al médico en el nivel social que le corresponde, entendiendo la dignidad de su profesión y la misión social y humana que lleva implícita. Se trata de fortalecer el sistema de salud, considerando a los médicos de las comunidades rurales como el pilar fundamental de su desarrollo.

La misión de las instituciones de salud es luchar por la salvaguarda del bienestar de la comunidad, ofreciendo las herramientas necesarias para que los médicos se desempeñen con éxito, tanto en beneficio de la población como de sí mismos. Bajo esta premisa, se ve al internet, como una herramienta básica para que los galenos cuenten con un medio de preparación continua que permita mejorar su nivel académico y científico, y con esto mejore la calidad del servicio que se ofrece.

El internet se constituye como una herramienta que puede llenar el vacío que se ha creado a lo largo del tiempo, durante el cual se ha olvidado a los médicos rurales y a los pasantes. Con su uso, se puede lograr una mejor preparación y mayor productividad académica, científica y asistencial, colocando a México a la vanguardia en el sistema de salud.

Aprovechando el internet para fortalecer los programas de salud ya existentes, así como promoviendo e incentivando la educación para la salud, se puede conseguir que las comunidades sean más participativas y trabajen con el médico como un equipo sólido y exitoso que busque mejorar sus condiciones de vida.

2. Atención médica domiciliaria y utilización de historias clínicas computarizadas

La hospitalización a domicilio puede ser una alternativa para algunos tipos de enfermedades. Los investigadores señalan que la atención hospitalaria en el propio domicilio, es una alternativa factible a la admisión en urgencias en pacientes con exacerbaciones de enfermedad pulmonar crónica obstructiva, no habiendo diferencias en la respuesta al tratamiento o en la mortalidad de pacientes si estos son atendidos en su domicilio o ingresados en un hospital.[100]

Con el aumento del envejecimiento de la población que se acentuará en las próximas décadas no habrá sistema de salud capaz de dar cobertura a todo el volumen de pacientes, muchos de los cuales podrían atenderse con iguales o mejores condiciones en su propio domicilio una vez que se haya potenciado la preparación de médicos generales, médicos familiares, geriatras e internistas.

Es una realidad que la cantidad de pacientes que se atienden en un servicio limita el tiempo dedicado a cada uno de ellos conforme aumenta su número. Digamos que en un servicio de medicina interna cuando ingresa un paciente se necesita hacer una historia clínica con su respectivo comentario donde se analizan las enfermedades del sujeto. Si el médico (léase residente) escribe un promedio de cuatro cuartillas por hora y si estas

---

[100] Davies L, et al. Hospital at home" versus hospital care in patients with exacerbations of chronic obstructive pulmonary disease: prospective randomised controlled trial. BMJ 2000;321:1265-1268.

Cambios necesarios al Sistema de Salud en México

cuatro cuartillas bastaran para un ingreso tendríamos que por cada paciente se necesita por lo menos una hora de tiempo. Desafortunadamente las situaciones actuales han convertido a los hospitales públicos (principalmente en los turnos nocturnos) en verdaderas trincheras donde cada noche se libra una batalla.

Continuando con el ejemplo de los ingresos, si fueran siete entonces necesitaríamos por lo menos siete horas para hacer los ingresos. ¡Bueno fuera que se tuvieran esas siete horas para escribir!, pero la pregunta es: ¿y los demás pacientes? Tenemos hospitalizados diez, veinte, treinta, cuarenta o cien pacientes que necesitan atención a cualquier hora y a sus enfermedades no les interesa si el médico ya tuvo diez ingresos, ellos también luchan por estar vivos. Dios es grande y hace acto de presencia cuando hace que sólo haya uno o dos ingresos por guardia, pero qué pasa cuando da la sensación de que nos abandona y se tienen por ejemplo 16 ingresos. Casi es una violación a las neuronas.

No cabe duda que algo está deficiente en nuestro actuar como médicos en el aspecto asistencial. Una propuesta es tener las historias clínicas de todos mexicanos en CD, *memory stick*, etc.; obviamente si algún día pasáramos a ser del primer mundo la propuesta sería tener las historias clínicas en chips. Los antecedentes que podemos mencionar de que es preferible hacer uso de la tecnología que quedarse sumidos en la prehistoria, los precedentes los tenemos en los hospitales donde las notas de evolución se graban en un caset y posteriormente las secretarias las transcriben, otro dato es en los hospitales donde los ingresos se hacen con

Cambios necesarios al Sistema de Salud en México

ayuda de una computadora, donde manejando cualquier procesador de textos se va escribiendo y de esta manera se puede grabar la información en un *pen drive*. Esta práctica ya se da por iniciativa propia de los resientes, pero debería institucionalizarse y fomentarse, aliarnos con la tecnología, con la cibernética.

Si todos y cada uno de los mexicanos tuviéramos nuestra historia clínica en un disquet, o mejor aún, en una red cibernética médica oficial, al llegar a cualquier unidad de salud lo entregaríamos al galeno que nos recibiera y sólo sería cuestión de actualizar el padecimiento actual. Esto disminuiría la carga de trabajo en hechos administrativos que tiene que hacer el médico y tendría más tiempo para atender a los enfermos, asimismo los pacientes verían agilizada su atención y esto elevaría la calidad del servicio. Suena a ciencia ficción pero si no se visualiza lo que va a pasar en el futuro será más difícil alcanzar el desarrollo, y por cierto, las historias clínicas ya navegarán por la red en España en un sistema compartido público y privado.[101] Aquí viene a colación otro punto más, cuando un paciente acude a un hospital público ya con estudios hechos en la medicina privada (o viceversa), lo que suele hacerse es repetirlos por costumbre. Esto lleva pérdida de tiempo para el paciente, gastos de más, etc. El problema es en algunos casos la desconfianza en lo que otros han hecho, pero en otras situaciones es por mera soberbia. La predisposición a repetir estudios es por falta de homologación, a lo que la SSA debería actuar como rectora y reconocer resultados válidos los de cualquier

---

[101] Las historias clínicas navegarán por la red. El Correo Gallego, 23 de marzo de 2005, p. 16.

Cambios necesarios al Sistema de Salud en México

laboratorio, siempre y cuando estuvieran certificados por un organismo independiente, de esta manera la confiabilidad de un sodio o un potasio sería igual dentro de una lista de laboratorios de calidad, lo mismo debería ser para las tomografías, radiografías, etc.

La sociedad tecnológicamente sigue evolucionando y el manejo de las historias clínicas computarizadas se extenderá. En poco tiempo será práctico tener la información de cada uno en un chip, donde se guarde toda la historia médica desde el nacimiento.

Yo creo que en una sola generación se puede actualizar el país y propongo que en un modelo piloto en algún hospital infantil además de entregar el certificado de nacimiento con la huella plantar del neonato se entregara un CD con la historia del nacimiento e incluso con su ADN, de paso con esta última sofisticación prácticamente se acabaría con el robo de infantes pues se podría cotejar en cualquier lugar. Un avance positivo, bajo mi punto de vista es el proyecto de la portabilidad de los servicios médicos ofrecidos por los distintos esquemas de cobertura,[102] no obstante, le eficiencia final dependerá del factor crítico que acaba con todos los proyectos nacionales en México, la corrupción.

3. Medicina como compromiso y fusión de las instituciones de salud

Un problema al que nos enfrentamos los médicos todos los días es el hecho de que los pacientes no se comprometen en seguir las indicaciones que se les señalan. Un ejemplo claro y frustrante lo constituyen los

---

[102] Programas de Acción de la Secretaría de Salud, Dirección General de Protección Financiera, 2002. México, SSA.

Cambios necesarios al Sistema de Salud en México

pacientes diabéticos. En gran cantidad acuden a las consultas de las instituciones pero no se apegan a la dieta, no hacen ejercicio, no toman los medicamentos y los resultados son que se le achaca al médico o a la institución la culpa de que no mejoren cuando debe entenderse que es un compromiso mutuo, lo mismo pasa con los pacientes obesos o con los pacientes hipertensos. Pero eso sí, cuando se logran controlar es gracias al jugo milagroso que cura todas las enfermedades, a la receta secreta de una vecina, a la limpia de un discípulo de un brujo de Catemaco, etc.

Planteo que, como ya se ha propuesto en casos de obesidad en Inglaterra, se haga firmar a los pacientes una carta compromiso de que seguirán las indicaciones médicas o de lo contrario no se les dará seguimiento. Suena radical pero es una triste realidad que la idiosincrasia del mexicano no nos permite progresar en muchas cosas porque no ponemos el empeño suficiente. En la salud pasa lo mismo y nos descuidamos. Necesitamos que alguien nos guíe pero que al mismo tiempo nos presione un poco en búsqueda de un beneficio.

México necesita subirse al tren del desarrollo de Europa y dentro de ésta, España representa un ejemplo de progreso con su salto cuántico después del franquismo al ponerse al día con sus vecinos, destacando en la salud con su atención gratuita al 100% de la población pero con salarios dignos de los médicos, sin servicio social sostenido por estudiantes sin título, con excelentes hospitales (verdaderos hospitales quiero decir) con personal y equipo científico y tecnológico de vanguardia.

México tiene que fusionar en una sola institución al IMSS, ISSSTE, SSA y hasta PEMEX, creando así una sola institución que dé

Cambios necesarios al Sistema de Salud en México
cobertura al 100% de los mexicanos, garantizando las pensiones, mejorando en calidad y equipándose.

Quien diga que no es posible se equivoca, porque el hombre crea las instituciones, y lo que no existía antes puede desaparecer ahora o modificarse para bien de la nación. Simplemente echemos un vistazo a las naciones desarrolladas cuál tiene tantas instituciones que hacen lo mismo, con duplicidad de atención, con gastos onerosos en altos mandos, etc. Es necesario pensar a lo grande, como si estuviéramos en la Unión Europea y por ende con la obligación de alcanzar estándares de calidad de vida exigidos por ésta, debemos tener un solo registro universal en nuestra institución de salud que sea la Clave del Registro Único de Población (CURP).

Es muy fácil decir que todos los mexicanos tendrán ya atención gratuita en los hospitales federales y estatales con el SPSS, pero lo difícil es dignificarlos, es decir, que haya suficiente personal Y EQUIPO, más medicamentos y menos burocracia, más medicina molecular y menos duplicidad de funciones.

4. Desenvolvimiento académico y acciones a llevar a cabo

Como está claro que las ineficientes y atróficas instituciones mexicanas no velarán por el progreso de la medicina en México es necesario actuar de manera individual y colectiva como sociedad organizada.

Es importante formar parte de organismos y foros tanto nacionales como internacionales. Como ejemplo de organización que trata de impulsar

Cambios necesarios al Sistema de Salud en México

la vida académica en todos los ámbitos, un grupo de profesionistas nos estamos integrando en la Asociación Científica Latinoamericana (ASCILA) (http://users.skynet.be/dforero/ASCILA5.htm) y una de nuestras peticiones ha sido que los títulos de medicina de los países latinoamericanos sean automáticamente homologables en la región, siempre y cuando las universidades reúnan requisitos de excelencia académica y lo mismo para las especialidades médicas.

A todos los médicos lectores de este ensayo les invito cordialmente a que hagamos un ejercicio de documentación para contribuir a cambiar el destino de nuestro país, por lo menos en el ámbito de la salud. Si eres pasante de medicina en un Centro de Salud, toma una foto de tu unidad y mándala a medios de difusión internacionales, especificando el lugar donde está el mismo y fecha de fotografía. Sería adecuado documentar alguna de las siguientes situaciones:

- Estás en un servicio de terapia intensiva pediátrica y no tienes ventiladores.

- Eres interno o residente y como no hay ventiladores te ha tocado darle oxígeno con ambú a un paciente, dividiéndote en turnos con otro interno o residente.

- No puedes administrar un antibiótico porque está agotado.

- Eres residente y no te dan permiso de rotar fuera de tu hospital.

- Eres residente o adscrito de cirugía y los pacientes se tienen que operar con equipo tuyo porque el hospital no tiene.

- Te obligan a ir a un mitin político.

- Detectas desvío de fondos.

Cambios necesarios al Sistema de Salud en México

Por favor, si te pasa algo de lo anterior o cualquier otra situación digna de la mediocridad y tercermundismo a la que nos tienen sometidos los dirigentes de casi todas las instituciones y partidos político, documenta los hechos y dalos a conocer al mundo; si consigues una copia de una prueba de fraude, robo, amenazas, extorsión, etc., también mándalas a medios internacionales. Para evitar represalias no es necesario que escribas tu nombre, sólo documenta, ya habrá alguna época en la que México se sacuda de su política de inequidad, entreguista al extranjero, privatizadora y solapada por líderes sindicales corruptos, para darle a todos los mexicanos un sistema de salud igualitario, eficiente y moderno. Todos podemos contribuir documentando las injusticias de ahora para derrotar al pretexto de que nunca nadie se ha quejado y que no existen evidencias de lo que se argumenta y critica.

Cambios necesarios al Sistema de Salud en México

Comparativo con España

En España, para ingresar a la licenciatura de medicina es por examen nacional, y conforme más alto es el puntaje obtenido, se puede elegir de un mayor abanico de posibilidades la carrera que se desea cursar, de tal manera que bajos promedios se quedan con pocas opciones. En México se tiene la ventaja de poder aspirar libremente a la carrera que uno quiera y en la institución donde uno quiera, es decir, alguien interesado en cursar medicina teóricamente podría hacer trámites de manera simultánea en las aproximadamente 80 escuelas o facultades de medicina del país, o bien hacer trámites para medicina en una y para otra carrera en otra universidad, pero la realidad es la sobredemanda de población estudiantil que desafortunadamente en número de decenas de miles se queda sin poder acceder a estudios universitarios o técnicos porque no hay cupo suficiente para todos.

El proceso formativo de los médicos en España es similar al de México en relación al tiempo invertido en la licenciatura (salvo que en España, como en todos los países de la Unión Europea, así como EUA, Japón, etc., no existe el servicio social), al final de la cual los que aspiren a una especialidad deben presentarse al examen para Médicos Internos Residentes (MIR, equivalente al examen nacional de residencias mexicano). La diferencia es que en México uno anota previamente antes de la evaluación a qué especialidad aspira y dependerá de la cantidad de plazas que el sistema oferta y la cantidad de interesados en ella que la probabilidad de ingresar aumente o disminuya. En España se elige la especialidad una

Cambios necesarios al Sistema de Salud en México

vez que ya se presentó el examen, es decir, los primeros promedios tienen más opciones y así sucesivamente se van reduciendo conforme más licenciados en medicina hayan elegido.

Otra particularidad es que en España se elige con el MIR la opción de hacer reumatología, endocrinología etc., es decir, las que en México se eligen después de haber cursado uno o dos años de medicina interna o incluso 4, dependiendo la sede. La ventaja aquí es para España, ya que es un mismo examen para todos y la desventaja en México es que ya no es homogéneo el ingreso a estas especialidades porque cada institución hace sus evaluaciones y pone sus requisitos, prestándose a discriminación y amiguismos más que a calidad académica. En fechas recientes se ha aprobado en España el borrador para modificar el programa formativo de las especialidades y quedará a semejanza del que se desarrolla en otros países europeos que es semejante al descrito para México, lo cual significa un tronco común para especialidades médicas y otro para las quirúrgicas, después del cual se podrá elegir la especialidad de mayor interés.[103]

Por otra parte, he escrito que existe una descomposición social grave contra el sector salud, que ha pasado de las inconformidades, a las agresiones fuera de toda medida, tanto en México, como España, Portugal o EUA.

En España por ejemplo, se hizo más caso a una denuncia anónima contra el servicio de urgencias del hospital de Leganés que a los médicos que libran batallas todos los días, poniendo en entredicho la capacidad de los profesionales de la salud y su ética, no sólo frente a los usuarios de ese

---

[103] El País, 26 de julio de 2008.

Cambios necesarios al Sistema de Salud en México

hospital sino frente a toda la comunidad,[104,105,106] se ha utilizado un bien preciado como lo es la salud como punto álgido de batalla política, olvidándose que no todas las disposiciones son aplicables a todos los individuos en medicina, simplemente, por ejemplo, no se puede cumplir con un tiempo máximo de estancia en urgencias si no hay cupo en hospitalización ¿a dónde se manda a los pacientes? Afortunadamente el tiempo le dio la razón a los médicos, dejando en ridículo a los medios que trataron como criminal al Dr. Montes del servicio de urgencias del hospital mencionado.[107] Y ejemplo de la brutalidad en la que estamos cayendo es por ejemplo el del médico español balaceado en Portugal por un septuagenario que lo acusaba de la muerte de su esposa, este médico tuvo suerte y salvó la vida, otros no.[108]

El tema de los médicos extranjeros que quieran trabajar como tales en España es complejo pues si bien por un lado está la necesidad de cubrir plazas para algunas especialidades como lo ilustra la nota siguiente:

"*El SCS justifica la contratación de médicos extranjeros para cubrir las sustituciones en los centros de salud por la falta de facultativos canarios disponibles, según informa el Diario Las Palmas.*" El médico interactivo. Diario electrónico de la sanidad. Noticias. Sanidad y Prensa

---

[104] "El médico de Leganés se querella contra las asociaciones sanitarias". El Mundo, 16 de marzo 2005, p. 24.
[105] Cuéllar M. "Una investigación sobre el hospital de Leganes apoyó a los médicos". El País, 20 de marzo de 2005. Sociedad, p. 27.
[106] Oriol Güell. La crisis de Leganés vista por las familias. El País. 17 de abril 2005, p. 34-35.
[107] El País. Febrero 2008.
[108] "Se suicida el septuagenario que disparó a un médico español". El Correo Gallego, 21 de marzo 2005, p. 53.

Cambios necesarios al Sistema de Salud en México
Diaria. Número 476, 17/19-Feb-01. http://www.medynet.com/elmedico/noticias.

El sindicato de Médicos indica que existen 110 médicos canarios parados, los cuales rechazan los contratos 'basura' de 1,000 pesetas la hora. En una reunión urgente celebrada entre las dos partes, el director del SCS, Antonio Cabrera, ofreció reforzar los centros con 22 plazas de interino, aumentar la partida de 24 a 100 millones para sustituciones y mejorar los contratos gradualmente. El sindicato estudiará la oferta, aunque no desconvoca las movilizaciones."

La plantilla de Atención Primaria en Gran Canaria está situada en torno a los 500 médicos, y el actual número de desempleados facultativos canarios ronda los 45 ó 50; un número insuficiente para cubrir el cupo por bajas ...

La dirección del SCS ha dictado una resolución por la que ante la falta de médicos generalistas y de familia podrán recurrir a otros facultativos aunque no tengan las especialidades señaladas, pero sí posean el título de Medicina General homologado por el Ministerio de España.

El problema de las sustituciones se presenta sólo como la punta del iceberg de un problema de falta de personal y masificación de pacientes en los centros de salud.

También está el hecho de la obligatoriedad de cumplir con normas para trabajar, una de las cuales es el trámite de homologación que puede ser tardado y complejo. Efectivamente, su principal crítica hacia el mismo es la dificultad de pasar un examen aunque a fin de ser objetivos la realidad es que por lo menos existe dicha posibilidad, situación que por ejemplo en

Cambios necesarios al Sistema de Salud en México

Estado Unidos no se da. Ante el poco porcentaje de médicos que logran pasar los exámenes de homologación se ofrece la alternativa de ser reconocidos en casos especiales sólo de manera administrativa en la unidad donde haya extrema necesidad de cubrir las necesidades de algún servicio pero no de forma colegiada.

En el aspecto de derechos laborales los médicos españoles luchan por mejorar sus condiciones y disminuir abusos en sus contratos como se ilustra en las notas siguientes, situación que debe tomarse como ejemplo no sólo en México sino en el resto de las naciones latinoamericanas ya que si el recurso humano en salud se encuentra agotado (síndrome de *Burn-out*),[109] la calidad en la atención disminuye notablemente.

"*Laura Fonseca. Gijón.- La Confederación Estatal de Sindicatos Médicos (CESM) iniciará una ronda de contactos con médicos de toda España para informarles sobre el alcance de la normativa europea que fija en 48 horas la jornada máxima de trabajo para facultativos de Atención Primaria.*" El médico interactivo. Diario electrónico de la sanidad. Noticias. Sanidad y Prensa Diaria. Número 476, 17/19-Feb-01. http://www.medynet.com/elmedico/noticias.

"...uno de los principales puntos de debate será precisamente la aplicación de la sentencia dictada por el Tribunal Superior de las Comunidades Europeas, según la cual y en virtud de las directivas 89/391/CEE y 93/104/CEE, la jornada de los médicos de Primaria no deberían superar las 48 horas semanales, incluida la atención continuada.

---

[109] Síndrome de Burn-Out. En: Mendieta Zerón H. Temas de Vanguardia en Medicina. México. Prado. 2004.

Cambios necesarios al Sistema de Salud en México

De momento, la CESM ha optado por el diálogo, aunque no descarta 'pasar a la acción' en el caso de que Sanidad 'dé la callada por respuesta'.

'Hay que adecuar la situación actual a esta directiva e impedir la atomización de nuestra profesión'.

La aplicación en España de la normativa europea, tanto la referida a la jornada 48 como a la que establece la obligación de fijar descansos ininterrumpidos obligará a la Administración sanitaria a incrementar la actual plantilla."

"Vicente Martínez. Valencia.- El consejo de Sanidad de Valencia, Serafín Castellano, ha mostrado su intención de que su departamento llegue a un acuerdo con los sindicatos, no sólo en el tema de las guardias médicas, sino en el de la carrera profesional y la jornada laboral". El médico interactivo. Diario electrónico de la sanidad. Noticias. Sanidad y Prensa Diaria. Número 481, 24/26-Feb-01. http://www.medynet.com/elmedico/noticias.

"Castellano realizó estas manifestaciones en relación a los dos conflictos colectivos presentados por el Sindicato de Médicos de Asistencia Pública (SIMAP) y el Sindicato Médico Independiente de Valencia (MIV), en los que se exige un "contrato digno" para los médicos eventuales que son contratados para hacer guardias y pide la aplicación de la Directiva europea que regula las guardias médicas.

El consejero de Sanidad indicó que en el tema de las guardias médicas 'hace unos meses se llegó a acuerdos importantes', como el

Cambios necesarios al Sistema de Salud en México

descanso de 24 horas del que podrán disponer los facultativos tras la guardia o el incremento de las dietas.

Castellano dejó claro que la negociación va a continuar, y que en ningún momento se ha paralizado, ya que 'la intención de mi Consejería es dar las mejores oportunidades de trabajo a los facultativos y que desarrollen su función en las condiciones más optimas'."

"El Sindicato Médico Profesional de Pontevedra acaba de plantear un conflicto colectivo contra el Sergas para que este organismo aplique la directiva de la Comunidad Europea, en la que limita la jornada laboral a un máximo de 48 horas tanto en Atención Primaria como en la red hospitalaria". Diario electrónico de la sanidad. Noticias. Sanidad y Prensa Diaria.   Número   481,   24/26-Feb-01. http://www.medynet.com/elmedico/noticias.

"Según el Sindicato la Administración ha rechazado su aplicación ya que los médicos han venido manteniendo jornadas de trabajo de más de 24 horas ininterrumpidas, en las que además a las horas extraordinarias que se realizan se las denomina, eufemísticamente, 'de atención continuada'.

El sindicato recuerda a la Administración que el Tribunal de Justicia de las Comunidades Europeas dictó sentencia el pasado mes de octubre, en la que determina y confirma que la directiva es de aplicación en la actualidad. Sin embargo, a pesar de que ya han transcurrido varios meses, no se está dando ningún paso para la normalización de las jornadas laborales médicas."

Cambios necesarios al Sistema de Salud en México

"José I. Fernández, Madrid.- El Juzgado de lo Social número Uno de Orense ha reconocido el derecho de los médicos a disfrutar de períodos de descanso de 35 horas semanales y 11 horas diarias entre cada guardia localizada y el inicio de la jornada ordinaria siguiente, siempre que exista actividad asistencial durante su realización." Diario electrónico de la sanidad. Noticias. Sanidad y Prensa Diaria. Número 481, 24/26-Feb-01. http://www.medynet.com/elmedico/noticias.

"A. Morente, Sevilla.- El Sindicato Médico Andaluz (SMA) ha dado el ya anunciado paso de plantear conflicto colectivo ante el Tribunal Superior de Justicia de Andalucía (TSJA) exigiendo la aplicación de una jornada máxima de 48 horas, incluyendo las guardias, en la comunidad autónoma, al hilo de lo que falló el Tribunal Superior de Justicia de Luxemburgo." El médico interactivo. Diario electrónico de la sanidad. Noticias. Sanidad y Prensa Diaria. Número 481, 24/26-Feb-01. http://www.medynet.com/elmedico/noticias.

"Desde el SAS, por su parte, ya se empieza a trabajar en cómo afectará al sistema andaluz la remodelación de la jornada laboral a la que obligará estas exigencias, que tarde o temprano serán muy probablemente bendecidas por el Alto Tribunal andaluz."

En la nota siguiente podemos ver que otras naciones llegan a acuerdos para paliar alguna falta de profesionales, por otra parte, escribí en la página 101 acerca de la visión de integrar un sistema latinoamericano de Residencia Médicas, con la finalidad de favorecer la movilidad médica y beneficiar tanto a los médicos como a los países al poder cubrir necesidades de la región. Esta visión a mediano y largo plazo nos colocaría en una

Cambios necesarios al Sistema de Salud en México

posición de privilegio a nivel mundial, pero hace falta que los políticos se dediquen más a concretar proyectos y menos a salir en la foto o a hacer declaraciones vacías y repetitivas.

"*E.P.- Los Gobiernos de España y Reino Unido negocian la firma de un acuerdo de intercambio de profesionales sanitarios que prevé la contratación de médicos españoles por la sanidad británica para paliar el déficit de facultativos en este país*". El médico interactivo. Diario electrónico de la sanidad. Noticias. Sanidad y Prensa Diaria. Número 481, 24/26-Feb-01. http://www.medynet.com/elmedico/noticias.

"El objeto de este acuerdo forma parte del programa, emprendido por el Gobierno laborista británico, dirigido a reforzar los recursos de su sistema nacional de salud (*National Health Service*).

Esta negociación comprenderá la prestación de servicios por parte de los médicos españoles en distintos hospitales ingleses, bajo la supervisión de profesionales del país anglosajón.

El asunto ha sido tratado además, en un encuentro mantenido recientemente entre la ministra de Sanidad y Consumo, Celia Villalobos y el embajador de Reino Unido en España, Peter Torry, en el que se puso de manifiesto la disposición de ambas partes a firmar este acuerdo".

Con lo aquí asentado queda claro que el sistema de salud en México es anacrónico, inequitativo, corrupto, está desmantelado, no cumple con lo establecido en la constitución de ofrecer salud a todos los mexicanos, no tiene visión de nación moderna y está carente de capacidad

Cambios necesarios al Sistema de Salud en México

científica y tecnológica, es decir, es un desastre.[110] Para remediarlo se deben tomar medidas urgentes para entrar a la modernidad, hacer un solo sistema de salud que evite duplicidad de funciones, agilice la atención médica y tenga laboratorios de investigación biomédica para dejar la dependencia a la que estamos sometidos.

La población debe presionar a los políticos (quienes tienen seguros de gastos médicos mayores y salarios estratosféricos mientras el grueso de la población no tiene atención médica digna y recibe salarios de miseria), para concretar reformas y que se dediquen menos a aparecer en la foto y a decir declaraciones vacías, sin compromiso ni conocimiento de causa.

---

[110] Rodríguez R, Gómez Durán T. Sistema de salud en México, por los suelos. El Universal online. 14 de mayo de 2009. http://www.el-universal.com.mx/notas/597916.html

ANEXOS

Cambios necesarios al Sistema de Salud en México

Cambios necesarios al Sistema de Salud en México
ANEXO 1. Horario del Servicio Social[111]

SERVICIO SOCIAL DE MEDICINA

¿QUE ES EL SERVICIO SOCIAL DE MEDICINA?

Corresponde al ultimo año de formación profesional del egresado de las instituciones educativas. Aunque no tiene créditos curriculares forma parte del plan de estudios de la carrera por lo que su carácter académico es ineludible, constituyendo además un requisito obligatorio para la titulación de acuerdo a lo estipulado en la Constitución Política de los Estados Unidos Mexicanos, la Ley de Salud y la Legislación Universitaria.

¿CUALES SON LOS OBJETIVOS DEL SERVICIO SOCIAL?

1. Contribuir a la conservación de la salud de la población del país, proporcionando en las Unidades de Atención Primaria a la Salud (UAPS) servicios de calidad profesional y humanística.

2. Colaborar al desarrollo de la comunidad especialmente en poblaciones rurales, zonas marginadas urbanas y aquellas con mayor carencia de servicios de salud, favoreciendo la realización de actividades de promoción para la salud, prevención, asistencia directa, educación e investigación para la salud.

3. Coadyuvar con las instituciones de Educación Superior para consolidar la formación del médico, fortaleciéndole una conciencia de solidaridad y compromiso social.

¿QUE TIEMPO DURA EL SERVICIO SOCIAL DE MEDICINA?

El período del Servicio Social comprende doce meses continuos, con dos promociones; una que inicia el primero de febrero y la otra el primero de agosto de cada año.

¿QUE TIPO DE CAMPOS CLINICOS CONTEMPLA EL SERVICIO SOCIAL DE MEDICINA?

Los campos clínicos para servicio social son de tres tipos:

- **Tipo "C"** en unidades auxiliares de salud para población rural dispersa, en unidades móviles de salud para población dispersa de difícil acceso y unidades de atención a población dispersa de 1,000 a 2,500 habitantes. Tiempo exclusivo con beca, jornada de 6 días por semana con un día de descanso, horario de 8 horas para la atención, consulta, actividades de campo y atención de urgencia las 24 horas del día.

- **Tipo "B"** en unidades de atención para población rural concentrada de 2,500 a 15,000 habitantes. Tiempo completo con beca mínima; jornada 6 días por semana con horario de 8 horas de actividades para atención de consulta y campo.

- **Tipo "A"** en unidades de atención para población urbana de más de 15,000 habitantes de menor desarrollo económico y social. Tiempo parcial sin beca o beca mínima: jornada de 5 a 6 días a la semana, con horario de 4 horas diarias, solo para casos de excepción como pasantes con problemas de salud o pasantes trabajadores federales.

---

[111] Disponible en: http://www.anahuac.mx/medicina/archivos/QueeselSS.pdf

Cambios necesarios al Sistema de Salud en México

Cambios necesarios al Sistema de Salud en México

ANEXO 2.

Comisión Nacional de los
Derechos Humanos
MEXICO

PRIMERA VISITADURIA GENERAL
DIRECCIÓN GENERAL
Av. Periférico Sur No. 3469
Col. San Jerónimo Lídice
Deleg. Magdalena Contreras
C.P. 10200, México, D.F.
Tel: 56-81-81-25; Fax: 56-81-84-90

Expedientillo: 2006/13/1/OD

Oficio: 01196

México, D.F.

Dr. Hugo Mendieta Zerón
Calle Santiago de Chile 27,
Portal B, Piso 5, Puerta C,
Santiago de Compostela,
C.P. 15706 Madrid, España

Respetable Dr. Mendieta:

Me refiero a su atento escrito de queja recibido en este Organismo Nacional el 19 de diciembre de 2005, a través del cual manifestó presuntas violaciones a derechos humanos en agravio de los estudiantes de medicina que realizan el Servicio Social en México.

En atención a su asunto, el 19 de diciembre de 2005, personal de este Organismo Nacional entabló comunicación telefónica con usted y refirió que su pretensión con relación a que los estudiantes de medicina que prestan su servicio social, están siendo explotados toda vez que los hacen trabajar durante 24 horas continuas, seis días a la semana y con una baja remuneración, es que se le proporcione orientación a fin de que se le indique el área de la Secretaría de Salud o la autoridad que corresponda que pueda pronunciarse con alguna opinión al respecto.

Del análisis y estudio realizado a su escrito de queja, y a la conversación telefónica referida, este Organismo Nacional observó que los hechos planteados se refieren a probables irregularidades administrativas cometidas por servidores públicos de la Secretaría de Salud que no ciñeron su actuación a la normatividad que los rige; por ello, en **vía de orientación** se le sugiere que acuda ante el Órgano Interno de Control en esa Secretaría, con domicilio en Carretera a Picacho-Ajusco No. 154, 5°. Piso, Colonia Jardines en la Montaña, C.P. 14210, Delegación Tlalpan, en México, D. F., teléfono 56-30-49-87, tal como lo establecen los artículos 109, fracción III, de la Constitución Política de los Estados Unidos Mexicanos; 10 de la Ley Federal de Responsabilidades Administrativas de los Servidores Públicos; así como 37, fracción XVII de la Ley Orgánica de la Administración Pública Federal.

Comisión Nacional de los
Derechos Humanos
MÉXICO

2006/13/1/OD

Asimismo, se le sugiere que de conformidad con el artículo 8º de la Constitución Política de los Estados Unidos Mexicanos, puede dirigir un escrito al doctor Julio Cacho Salazar, secretario técnico de la Comisión Interinstitucional de Formación de Recursos Humanos para la Salud, para que reciba de ese servidor público la orientación que solicita, a efecto de que pueda apoyar a los estudiantes de medicina que realizan el Servicio Social en México, de conformidad con los artículos 54 y 55 de la Ley Reglamentaria del Artículo 5º Constitucional.

Lo anterior, atendiendo a lo invocado por los artículos 33 de la Ley de la Comisión Nacional de los Derechos Humanos, así como 67, fracción XII, de su Reglamento Interno.

Por otra parte, se hace de su conocimiento que la información que usted proporcionó a este Organismo Nacional, podrá ser suministrada a un tercero que lo solicite, después de un lapso de 12 años contados a partir de la fecha en que se resuelva el asunto respectivo, de acuerdo a lo dispuesto por el artículo 14 de la Ley Federal de Transparencia y Acceso a la Información Pública Gubernamental y 10 del Reglamento de dicha Ley para la Comisión Nacional de los Derechos Humanos. Los datos personales que esta Comisión Nacional recibió de usted, serán manejados con fines exclusivamente de identificación y se les dará un tratamiento confidencial.

Finalmente, se le comunica que esta Comisión Nacional queda a sus órdenes para brindarle la atención que usted se merece, de así requerirlo en lo futuro.

Atentamente
El Director General de la Primera Visitaduría

Dr. Gerardo Montfort Ramírez

C.c.p. **Dr. José Luis Soberanes Fernández.** Presidente de la Comisión Nacional de los Derechos Humanos.
Dr. Raúl Plascencia Villanueva. Primer Visitador General de la Comisión Nacional de los Derechos Humanos.
Expedientillo

PZC/HVG

Cambios necesarios al Sistema de Salud en México

ANEXO 3.

Comité de Información, Gestoría y Quejas

"2006, Año del Bicentenario del natalicio del Benemérito de las Américas
Don Benito Juárez García"

ASUNTO: Solicitud de modificaciones al
servicio social realizado por
estudiantes de medicina
EXPEDIENTE: SG/0941/06
OFICIO: CG/1921/06

Palacio Legislativo de San Lázaro a 08 de agosto 2006

Dr. Reyes Tamez Guerra
Secretario de Educación Pública
Argentina No. 28 Col. Centro
Delegación Cuauhtémoc México D. F.

Por medio del presente me permito informarle que ha acudido a este Comité el Dr. Hugo Mendieta Zerón quien manifiesta que el servicio social que realizan los estudiantes de medicina, tiene condiciones inadecuadas de trabajo, debido a que los horarios son de veinticuatro horas, seis días a la semana.

Por lo anterior, solicita la intervención de esa oficina a su digno cargo, para que se realicen las acciones legales y administrativas necesarias, con el fin de modificar dichas condiciones de trabajo.

Atendiendo el derecho de petición establecido en el artículo 8° Constitucional le solicito de no haber inconveniente, tenga a bien hacernos llegar las determinaciones que se emitan sobre el particular.

Sin otro particular le envío un cordial saludo

ATENTAMENTE

FIDENCIO LUNA QUINTANA
SECRETARIO TECNICO

FLQ/BCl
c.c.p. Hugo Mendieta Zerón, Felipe Villanueva Sur #1209, Rancho Dolores C.P. 50170, Toluca, México
c.c.p. Secretaria General de esta H. Cámara de Diputados en relación a su oficio turno: SG/LIX/025

Av. Congreso de la Unión, 66; Col. El Parque; Deleg. Venustiano Carranza; C.P. 15969 México, D.F.;
Edificio F, Nivel 1; Tels.: 5420-1836 (Directo); Conm.: 5628-1300 ext. 1836;
Lada sin costo: 01-800-718-4291 ext. 1836
correo-e.: gestoria@congreso.gob.mx

Cambios necesarios al Sistema de Salud en México

Cambios necesarios al Sistema de Salud en México

Corolario

MEDIDAS DE PREVENCIÓN EN LA PRÁCTICA MÉDICA

1. La relación médico-paciente debe basarse en el respeto y la confianza de ambas partes. Requiere de tiempo del médico para su paciente, un tiempo previamente establecido.
2. El expediente es la prueba circunstancial de mayor peso, se debe ser cuidadoso en su integración, ser claros, concisos y precisos en las notas de evolución y de procedimiento; debe estar completo (constar de las notas exigidas en la NOM-168-SSAI-1998 del Expediente Clínico); incluir la firma de los familiares, no sólo en la hoja de información y en la de procedimientos, sino incluso al calce de algunas notas relevantes. Es necesario recordar que "las palabras se las lleva el viento" y los pacientes o familiares sometidos a tensión y preocupación fácilmente olvidan parte de lo que se dice.
3. Contar con autorización firmada por el padre y la madre, en caso de menores de edad.
4. No hacer a un lado pasos administrativos, a menos que la gravedad del paciente lo obligue.
5. El trato con los familiares tiene que ser cordial, respetuoso, honesto y claro.
6. Revise acompañado a los pacientes.
7. Sea discreto y mantenga en privado la información del paciente.

8. A menos que tenga su autorización, no dé información a terceros, menos por fax, teléfono, etc.

9. Parte de lo que firme el paciente tiene que incluir una nota de riesgos inherentes al procedimiento. De ser posible, basarlo en estadísticas y preferentemente dar información impresa que puedan leer y conocer sobre la patología específica.

10. No haga lo que no se debe hacer. No se involucre en campos en los que no tenga preparación. Reconozca sus limitaciones.

11. Trate al paciente, como al familiar más querido en caso de estar en esa situación.

12. No abandone al paciente, menos aún si hay problemas o complicaciones.

13. Solicite ayuda y apoyo a otros médicos, ellos no intentarán perjudicarlos y ayudarán a su paciente.

14. Continúe su preparación y siga estudiando (Cursos, congresos, etc.).

15. Ponga todo lo que esté de su parte para que funcione bien a relación médico-paciente.

16. Haga ver claramente al paciente que siempre hay riesgos.

El médico es un ser humano con derecho a vivir, convivir con su familia, estudiar y socializarse como todos, además de ser productivo en otras actividades, tiene derecho a realizarse y alcanzar sus metas y sus sueños y a tener las herramientas necesarias para desempeñar su actividad profesional con dignidad.

Cambios necesarios al Sistema de Salud en México

Primera edición: abril 2011
100 (cien) ejemplares

www.ingramcontent.com/pod-product-compliance
Ingram Content Group UK Ltd.
Pitfield, Milton Keynes, MK11 3LW, UK
UKHW022212230426
12048UKWH00016BA/796